U0198069

广东食语

周松芳——著

团结出版社

图书在版编目（ＣＩＰ）数据

广东食语 / 周松芳著 . -- 北京 : 团结出版社，
2024.8
（食尚民国）
ISBN 978-7-5234-0894-0

Ⅰ . ①广… Ⅱ . ①周… Ⅲ . ①饮食－文化－广东
Ⅳ . ① TS971.202.65

中国国家版本馆 CIP 数据核字 (2024) 第 073619 号

出　版：团结出版社
　　　　（北京市东城区东皇城根南街 84 号　邮编：100006）
电　话：（010）65228880　65244790（出版社）
　　　　（010）65238766　85113874　65133603（发行部）
　　　　（010）65133603（邮购）
网　址：http://www.tjpress.com
E-mail：zb65244790@vip.163.com
经　销：全国新华书店
印　装：三河市东方印刷有限公司

开　本：146mm×210mm　　32 开
印　张：10.25
字　数：200 千字
版　次：2024 年 8 月　第 1 版
印　次：2024 年 8 月　第 1 次印刷

书　号：978-7-5234-0894-0
定　价：48.00 元
　　　　（版权所属，盗版必究）

前　言

　　广东先贤屈大均在《广东新语》序中说，其书止语广东十郡，人以为小，而自以为"道无小大，大而天下，小而一乡一国，有不语，语则无小不大"，故"不出乎广东之内，而有以见夫广东之外。虽广东之外志，而广大精微，可以范围天下而不过"，并因此成为经典，被频繁征引；顶着"食在广州"这个金环，坊间征引最多的一句则是："计天下所有之食货，东粤几尽有之；东粤之所有食货，天下未必尽有之也。"只可惜大家都会错了意——这"食货"，绝非"吃货"或者说食材那么简单，有时根本无关乎饮食或食材。

　　"食货"典出《尚书·洪范》"八政"："一曰食、二曰货……"唐孔颖达疏曰："食，勤农业。""货，宝用物。"与后来《史记·货殖列传》引申的"货殖"，都是一个经济学的概念，即经济或商业行为，所以民国时期有一家老牌杂志，后来在台北还有延续，就叫《食货》。在《广东新语》中，它也并非见于"食语"而在"事语"的"贪吏"条。先说："吾广谬以富饶特闻，仕宦者以为货府，无论官之大小，一捧粤符，靡不欢欣过望。长安戚友，举手相庆，以为十郡膏境，可以属鹰脂膏。"然后在此背景下才提出"食货"之说："嗟夫，吾粤金山珠海，天子南库，自汉唐以来，无人而不艳之。计天下所有之食货，东粤几尽有之；东粤之所有食货，天下未必尽有之也。"至此，如果一个中学生来做阅读理解题，也会把"食货"理解成各种奇珍异宝了。

这里又须提出一个要"打假"的话题，即今人包括历史研究者，几无不把"金山珠海，天子南库"理解成清代一口通商的盛景。显然是错的，因为屈大均时代，口岸虽未禁绝，但开时贸易量也是很小的，平均每年最多两三艘外洋船只，成不了局面①。他所描述的是广州外贸的历史盛景，而非现实情景。当然最可能建基的，是明代隆庆后一口通商所形成的情景。如万历十九年（1591）汤显祖在《广城》二首中的形容："临江喧万井，立地涌千艘。气脉雄如此，由来是广州。"无独有偶，明初孙蕡《广州歌》所咏，也是元代的外贸盛景："广南富庶天下闻，四时风气长如春。……崎峨大舶映云日，贾客千家万家室。"因为明初海禁更严，曾经"片帆不许入海"，所以诗的结句是"回首旧游歌舞地，西风斜日淡黄昏"。其实，我们可以进一步说，《广东新语》里诸多关于广州商业繁华的描述，应该都是基于明代，而今人屡误作清时，这是需要我们再三注意的。

---

① 参见陈柏坚、黄启臣编著《广州外贸史》，广州出版社1995年版，第158页。

再回过头来说广州因为外贸致富的历史盛景。早在《晋书·吴隐之传》就有"广州包山带海，珍异所出，一箧之宝，可资数世"的记录，并因此形成了"贪泉"传说，说广州附近有贪泉，官员饮之而致贪；吴引之当然不屑此说，"酌而饮之，因赋诗曰：'古人云此水，一歃怀千金。试使夷齐饮，终当不易心。'及在州，清操愈厉"。个别的清官改变不了制度性的贪腐，稍后更有"广州刺史但经城门一过，便得三千万"的传说，见于《南齐书·王琨传》。之所以絮絮如此，一方面是因为后来的"食在广州"，与广州两千年来以商立市，特别是后来一口通商关系甚巨；另一方面是想说明"食在广州"的历史并没有那么悠久——广州是富的，广东并不富，而饮食之誉，还需要背后的政治、经济和文化支撑，这些都是晚近才可能的事情。此外，就是笔者近二十年孜孜矻矻梳理岭南饮食文化的历史，去浮滑伪说以存真实，实在是一项很吃力的工作，而本书各篇也着实体现这方面的追求。

从事饮食史或者夸大一点说生活史的研究快二十年了，专题的图书出了十几种，在各种讲座和访谈中，常常被问起菜式的具体味道及其烹饪方法，难免有尴尬之处，也因此时时自省——研究的价值和意义在哪里？当然我可以借王国维的故事来自辩——王国维不喜欢看戏，但不妨碍他成为近现代戏剧史研究的开山祖师，饮食的历史与文化研究，自有其意义在。其实，即便再会吃，用广州话来说，古早的味道，又有谁能说得清楚呢？胡文辉师兄也说："那些味道已成春梦无痕，那些味道的亲炙者已成浮魂难招，撰述者事实上已不可能依赖自己的饮食体会，只能依赖他人的历史记录。味道是无法复制也无法重构的，我们只能透过文字和图像，依稀设想那些味道所附着的人物与情境，'暗想当年，节物风流，人情和美'，如是而已。"

是了，孟元老的《东京梦华录》，里头关于北宋时期开封饮食生活记录，是我们作饮食文化史研究绕不过的精彩篇章，但我们能体味当年之味道？诚如他在序中所说，"暗想当年，节物风流，人情和美"，才是更重要的，所以，本书有多篇便注重背后的"节物风流，人情和美"。这像我们的古代戏曲研究，现在开始注重由文献的案头，回到形态的场上，诗歌研究也有同样的努力，就像我的导师黄天骥先生近年来从戏剧创作论转向诗歌创作论，致力诗人创作形态的研究；我的同学姚蓉教授，从事唱和诗词的文献整理与研究，致力还原当日诗酒生活和诗词创作形态。饮食形态的研究也有异曲同工之妙，特别是留存的饮食文献之中，往往诗酒相连，这就为我们饮食文化研究展现了别样的意趣的新颖的面向。

思虑至此，则饮食及其历史文化的研究固为"歧路""小道"，然而也未尝不可以走成正道，汇成大道，固敢稍稍拟于前贤之《广东新语》，以期努力在其简略的"食语"一节，有所发扬，故名之曰《广东食语》。

目 录

从前粤菜的第一标配是鲍参翅肚，
于今粤菜的第一标配是生猛海鲜。
这是技术的进步，
也是粤菜的沧桑。

粤菜好吃 海鲜难得

我们现在一说到粤菜，第一反应当属"生猛海鲜"，因为今人对于粤菜的认知，多基于改革开放之后的历史——改革开放之后，广货北销，粤菜北渐，生猛海鲜主打，其实还有赖于港味北上；海鲜生猛，须有能供氧的海鲜池（缸），而这是从香港引进的。在此之前，广州人要想在餐厅吃到海鲜，可不是件容易的事。所谓海鲜，新鲜至为要紧。沿海渔民捕获之后，如何及时送到城市里来？城市里的餐馆又如何保养这些海鲜？这些问题不解决，海鲜也就难吃到。所以，我们看到，近代以来广东最负盛名的两大美食家，江孔殷的太史菜和谭瑑青的谭家菜，里面固有海味，却无海鲜。海味的代表，鲍、参、翅、肚，都是干货。当然干货如何制成佳肴，或许更考厨艺，但毕竟不是海鲜。

尽管有氧海鲜池解决了保鲜问题，人们平时在餐馆可以吃上海鲜了，但想要更生猛，还是要尽量离供货点近一些，或者供货更便捷为好，所以在二十世纪八九十年代的广州，先是珠江上的海鲜食坊风行一时，后来集中到大沙头沿岸的西贡渔港一带；大沙头整治拆除了渔港，好鲜者则每往黄沙水产市场现买现加工。

就近吃海鲜，现在如此，过去更甚。清季游幕广州的金武祥说："余在西江，冯子良先生为余书扇，录其《珠江消夏竹枝》云：'行乐催人是酒杯，漱珠桥畔酒楼开。海鲜市到争时刻，怕落尝新第二回。'"① 漱珠桥，在今海珠区南华中路与南华西路交界处，横跨漱珠涌，为清乾隆年间十三行总商、广州首富潘振承所建。海珠当时是广州城对岸的一个岛，尚属乡野茶园，珠江渔民多聚居于此，如南海植桂堂的《羊城竹枝词》说："郎从桥下打鱼虾，妾出桥头去采茶。来往不离桥上下，漱珠桥下是侬家。"②

那问题来了，当时的所谓海鲜，是不是这些漱珠"桥下打鱼虾"即就近打鱼所得？如果是，这算得上海鲜吗？史料和事理表明，依照当时的能力，也只能就近打鱼了，否则，谁有能力跑到真

---

① （清）金武祥《粟香随笔》卷六，凤凰出版社2017年版，第152页。

② 如庐诗钟社编《正续羊城竹枝词》卷一，广州科学书局1921年版，第22页。

民国时期的漱珠桥畔

正的海上去打鱼？打到渔获有什么能力保渔运回？所以，1877年邓

显的《羊城竹枝词》就说："撒网抛罟齐用力，打鱼人在白鹅潭。"

白鹅潭，珠江前后航道分流处，水深江阔，也在漱珠桥的斜对面不

远处。左一衡的《羊城竹枝词》也说："漱珠桥上月如钩，照见渔

家放棹流。多少阿姑和阿嫂，全家生计在轻舟。"①

　　当然，即便是珠江河鲜，也可称"海鲜"，因为广州人从来有

称珠江为海的，直到民国时期，也时常称过江为"过海"。比如谭

延闿1923年7月9日日记说："出，过海，至大本营，得印波、莫阶

① 龚伯洪《广州古今竹枝词选》，广东人民出版社2017年版，第43、89页。

电，云绍基决定取消杨池生以第三师警戒总司令，欲大元帅即往。"①
当时孙中山的大本营也即大元帅府，即今海珠区大元帅府旧址，门
对江面，算是珠江最窄江面了，尚称"过海"，余可想见。从前
"过海"乃是疍民的"专利"："你看，'过海'（广州市人这样叫，
实则过江）已有商人承办的过海电船，并且另有所谓'横水渡'，
她们怎能与之竞争？正路既不可通，她们就只得走偏路了！"②

称渡江为"过海"，实在是渊源有自，因为珠江三角洲尚未冲
积成型的时候，广州确实是依山傍海，这从著名的达摩东渡登岸广
州的"西来初地"遗址，即可知当年的"海岸线"距今日的江岸线
有数里之遥，可见当时海岸线的广阔。所以，韩愈在广州"初南
食"就吃到了不少生猛海鲜，纪于《初南食贻元十八协律》：

鲎实如惠文，骨眼相负行。蚝相黏为山，百十各自生。

蒲鱼尾如蛇，口眼不相营。蛤即是虾蟆，同实浪异名。

章举马甲柱，斗以怪自呈。其余数十种，莫不可叹惊。

我来御魑魅，自宜味南烹。调以咸与酸，芼以椒与橙。

腥臊始发越，咀吞面汗骍。惟蛇旧所识，实惮口眼狞。

---

① 《谭延闿日记》，中华书局2018年版，第10册，第208页。

② 静观《春光明媚话珠娘：更足令你留恋不忍去》，《新生周刊》1934年第1卷
第16期。

开笼听其去，郁屈尚不平。卖尔非我罪，不屠岂非情。

不祈灵珠报，幸无嫌怨并。聊歌以记之，又以告同行。

但这首诗只与潮州沾了边——贬谪潮州途中作，与潮州饮食则毫无关系。诗写的应该是他进入珠三角之后、到达广州之前；钱仲联先生《韩昌黎诗系年集释》说："魏本引樊汝霖曰：'元和十四年抵潮州后作也。'补释：前《赠别元十八诗》，寻其叙述，盖途次相别。则这些诗不应为抵潮州后作。"又据《赠别元十八协律六首》及钱钟联的集释，元十八乃奉其主公桂管观察使裴行立之命，迎问韩愈于贬途，觊赠书药；来时过龙城柳州，还带来了柳宗元的关切和问候，柳宗元作有《送元十八山人南游序》。据《赠别元十八协律六首》其六，他们大约在扶胥即广州东南今南海神庙一带握手话别，并致意柳宗元："寄书龙城守，君骥何时秣。峡山逢飓风，雷电助撞捽。乘潮簸扶胥，近岸指一发。两岩虽云牢，水石牙飞发。屯门虽云高，亦映波浪没。余罪不足惜，子生未宜忽。胡为不忍别，感谢情至骨。"[1]

其实到宋朝，珠江水仍苦咸。如苏轼在给广州知府王敏仲的信中说："广州一城人，好饮咸苦水，春夏疾疫时，所损多矣。惟官

---

① 钱仲联《韩昌黎诗系年集释》，上海古籍出版社1984年版，第1123-1132页。

员及有力者得饮刘王山井水，贫丁何由得。惟蒲涧山有滴水岩，水所从来高，可引入城。"然后详述接引之法，并要求做好事不留名，"慎勿令人知出于不肖也"。这项被后世称为"中国第一的自来水工程"不久就建成了："闻遂作管引蒲涧水甚善。"又再嘱以养护之法，期于"永不废。僭言，必不讶也"。①换言之，在苏轼的年代，仍然是可以吃到海鲜的，可惜这个大美食家没有留下记录。

我们回到清季民初来。到这个时候，珠三角陆地面积大增，沙田大幅开垦，海岸线已经大幅后退，广州城的水也多半不咸，苏东坡的"自来水工程"不知何时废止。只不过，这样一来，广州要想吃海鲜就没那么容易了。

从时人留下的竹枝词之类的饮食史料中，我们也只看得到耐存活的贝类海鲜，而鲜有海洋鱼类。如莲舸女史的《羊城竹枝词》："响螺脆不及蚝鲜，最好嘉鱼二月天。冬至鱼生夏至狗，一年佳味几登筵。"②响螺与蚝系贝类海鲜，嘉鱼是西江河鲜，鱼生多用淡水鲩鱼。陈勉襄咏漱珠桥海鲜之美的《羊城竹枝词》："赶趁鲜鱼入市售，穿波逐浪一扁舟。西风报道明虾美，还有膏黄蟹更优。""夏桃秋橘也堪邀，牡蛎鳊鱼味更饶。笑煞当年苏玉局，只知餐荔与江

---

① （宋）苏轼《与王敏仲十八首》之十一、十五，孔凡礼点校《苏轼文集》，中华书局1986年版，第1692-1693、1695页。
② 如庐诗钟社编《正续羊城竹枝词》卷一，广州科学书局1921年版，第24页。

瑶。"①有虾有蟹，可咸水可淡水，牡蛎即蚝，鳊鱼则淡了。信矣，广州吃海鲜之不易。

即便在广东的滨海之地如潮州，我们从桐城派鼻祖方苞的后人方澍1892年游幕潮州时所撰《潮州杂咏》②看，其中写到海鲜固多于广州的诗人们，但也是贝类为多，且将其中关于海鲜的各联摘录并疏解如下：

飞飞鲆似燕，高御海天风。鲆鱼飞出海面像燕子似的。鲆鱼肉

白鹅潭旧影

① 龚伯洪《广州古今竹枝词选》，广东人民出版社2017年版，第55页。

② 方澍《潮州杂咏》，《青年杂志》1915年第1卷第4期。

质细嫩而洁白，味鲜美而肥腴，补虚益气。

举筋荐蚶瓦，荷铲种蚝田。蚶瓦，即俗称"瓦垄子"或"瓦楞子"的一种小贝壳，生活在浅海泥沙中，肉味鲜美。唐代刘恂《岭表录异》说："广人尤重之，多烧以荐酒，俗呼为天脔炙。"著名作家高阳认为即是血蚶，"烫半熟，以葱姜酱油，或红腐乳卤凉拌"，甚美。种蚝田，即到海边滩涂中放养小蚝。

海月拾鸟榜，蛤蜊劈白肪。《食疗本草》说海月这种壳质极薄、呈半透明状的贝壳"主消痰，以生椒酱调和食之良。能消诸食，使人易饥"。崔禹锡《食经》则说："主利大小肠，除关格，黄疸，消渴。"蛤蜊，也是一种贝壳，佳者称"西施舌"，肉质鲜美无比，被称为"天下第一鲜""百味之冠"。

布灰数罟后，乘潮张鬣初。鳗鲡陟山阜，缘木可求鱼。明代黄衷《海语》详细描述了如何在海鳗随潮水涌到山上去吃草的路上，布下草灰陷阱以捕捉的情形："鳗鲡大者，身径如磨盘，长丈六七尺，枪嘴锯齿，遇人辄斗，数十为队，朝随盛潮陟山而草食，所经之路渐如沟涧，夜则咸涎发光。舶人以是知鳗鲡之所集也，燃灰厚布路中，遇灰体涩，移时乃困。海人杀而啖之，其皮厚近一寸，肉殊美。"山上能捉到鳗鱼，就如同树上能捉到鱼一样。

蟛蜞糁盐豉，园蔬同鬲熬。蟛蜞是一种小蟹，一般认为是有毒的，"多食发吐痢"，所以一些广东人用其喂鸭肥田。但经过潮州人烹制出来，已是味道绝佳的无毒海鲜。屈大均《广东新语》的解释是："入盐水中，经两月，熬水为液，投以柑橘之皮，其味佳绝。"并赋诗赞叹："风俗园蔬似，朝朝下白黏。难腥因淡水，易熟为多盐。"

人称其所著《岭南咏稿》"写粤中风物殊肖"，《潮州杂咏》又堪为其中代表，他自己也在诗的后半说："尔雅读非病，人应笑老饕。"那所述应可信，则当日潮州海鲜，也不过尔尔。

当然，随着火轮的使用，渔船能稍出远海，且回程加速，人们的海鲜食欲，才渐次得到满足。但仍是以就近为第一原则，即便在民国时期，相对大陆而言渔业更先进更发达的香港，吃海鲜首选仍然是香港岛的香港仔和避风塘一带，此处是传统的水上居民也即渔民的聚居区。外江人旅港，被招待吃海鲜，通常会选址于此，如余绍宋1935年3月5日在香港："下山赴香港仔，犹是旧时风物，盖香港未割让英国以前，本以是处为市集，土人皆居于是，俱以渔为业，对岸村市渔舟来往尚仍旧式。源丈约至镇海楼食鱼鲜，各类至繁，询该店中今日所有海鲜名目，辄举数十种以对，约记之，如所谓七日鲜、石斑、方利、细鳞、红油、火点、连占、青衣、泥黄、三刀、生带子、华美、富曹、金古、三须、尸公、鸡鱼、石梁头、老虎之属，不能悉记，亦俱土名，未详其本名也。命其取数种来观，则五色斑斓，多生平所未睹者，随食数种，味香鲜

美。"① 在市中，则无如此多精美海鲜了。1949年初，叶圣陶经港北
上京华，吃到的珍品海鲜，仍然是在香港仔："（1949年1月21日）
乘汽车往香港仔，访务实中学。蒋仲仁、朱光熙殷勤招待，雇小艇
子泛于近边。登一小山，上有天主教修道院。云南杨君为余夫妇摄
一影。泛舟一小时，仍返校中，即开宴。香港仔为渔民集居地，多
产海鲜，菜中有龙虾盘，为珍品。"②

其实也不单是外江人，本地人要吃海鲜，何尝不欲前往此处？
如著名的太平戏院院主源詹勋约粤剧大师马师曾吃海鲜，即在香港
仔："（1937年3月8日）约四时马师曾与谭兰卿至，共往香港仔食
海鲜，该新花洲甚靓海鲜。"③

但回到内地，广东人要真正进入海鲜时代，还得要到20世纪
80年代稍晚以后；笔者1987年初来广州，除了贝类，海鱼仍是很
难吃到或者吃得起的。再后来，不独海鲜池技术，其他各种保鲜技
术日新月异，则极北极西，也无不有生猛海鲜吃了，不过仍以近产
地为佳。

---

① 《余绍宋日记》，中华书局2012年版，第1241页。
② 叶圣陶《旅途日记五种》之《北上日记》，三联书店2002年版，第128页。
③ 程美宝编《太平戏院纪事：院主源詹勋日记选辑（1926–1949）》，香港三联
　　书店2022年版，第600页。

广东人说"得闲饮茶"，其实就是约饭；

广东人说"饮茶"，其实重点是在点心；

特别是对于女子来说，约饭通常不吃饭，点心则必不可少，

甚至菜的好坏也相对不那么重要。

民国时期，"星期美点"尤能表征"食在广州"。

广式点心 点中你心

广式点心在"食在广州"中占有重要地位，在某些初尝粤菜不惯粤鲜的食客心目中，甚至比粤菜特别是海鲜更来得重要；晚清民初的大名士徐珂说到粤人饮食，就首重点心："吾好粤之歌曲，吾嗜粤之点心，而粤人之能轻财，能合群，能冒险，能致富，亦未尝不心悦诚服，而叹其有特性也。粤多人材，吾国之革命实赖之。"①一代食神谭延闿1923年初到广州，对"食在广州"第一印象，就来自点心："江虾来，邀同杨、宋、萧、李乘电船至陈塘，入味腴馆

① 徐珂《粤多人材》，载《康居笔记汇函》，山西古籍出版社1997年版，第30页。

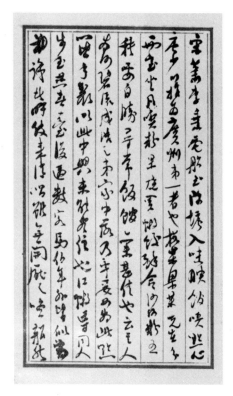

谭延闿日记书影

吃点心,唐少川推为广州第一者也。梅某、梁某先在,分两室坐。凡吃粉果、烧买、虾饺、酥合、沙河粉五种,要自胜寻常饭馆,亦未甚佳也。云主人为何碧流成浩之弟,家中落,乃率妾女为此,点心皆手制,以此中兴,未能尽信也。"[1]在谭氏眼中能胜过寻常饭馆已属不易。

---

① 《谭延闿日记》,1923年4月15日,中华书局2019年版,第9册,第478页。

就像"食在广州"并没有多悠久的光辉史，不过得名于晚清民初，广式点心的辉煌史也同样并不久远。且不说屈大均《广东新语》"茶素"条说到传统的广式点心，主要是些油器（油炸以增加保质期）；直到1926年，冼冠生在《申报》刊文，还对此"耿耿于怀"：

饮食一道从前虽有许多人考究过来，但往往流于奢侈一途，以为必定要食前方丈，把一切山珍海味尽量饱食，始以为享尽口福。至于茶食点心之类，却没有人注意的。其实食物中的茶点，好比文学中的小品文字，及绘画中的漫画、简短的文字，可以表现文学上的情感，寥寥的字画，可以表现绘画上的美趣。同样小小的茶点，也可以饱口腹之欲，只要能够把制法改良，有精巧的出品，一定可以用少数的金钱，得最大的享乐。

……

我近年以来对于社会实在没有什么贡献，只不过于茶食点心一方面，稍尽提倡改良的责任，因为鉴于旧式茶食实在没有什么可口的东西，对于欢喜小吃的朋友的没有享到口福，实在很表同情。从前老式糕饼店里所做的茶点，实在太不合卫生，往往用很隔宿的东西出售，并且人家乌化了的旧食品，也肯替他换上了新的招牌子，作为送人的礼品。这样隔宿又隔宿的东西，送来送去装幌子，其实是不能入口的，那么无形中断送了茶点的真正的效用，而茶点业也永远不能发达了。这一项的改革是希望店家与买主合作的，所幸此种现象只常见于乡镇地方，上海地方倒还少见。不过我对于这一桩事很发生些感想，所以创办冠生园以来，首先注重所用作料都是拣最新鲜的。

除了保证材料的新鲜之外，最重要的是学习西点之法。"外国人有一种使我们羡慕的地方，有一种是清洁，有一种是精美，这在西点上就可以看出来。凡是看过吃外国的糖果茶点的，再回来看看我国旧式茶食店的茨薯糕、云片糕等，就觉得简陋，就觉得厌恶。那么我提倡大家去吃外国茶点吗？不，不，我的意思是要促国人对于旧式的不满足，而对于新式的仿制，外国人生活程度很高，所以西点一类也极昂贵，决非我人所能购得起，所以一面我人羡慕外人的口福，一面还要仿制价廉的国产新式茶点。我之创办冠生园就是这个意思，冠生园的出品，所以没有旧式的糕饼，而多创的新花样，把出品价钱特别定得低，也是这个意思。"①

冼冠生坐而谈之，起而行之，并为推广起见，假记者之手，毫无保留地公开其研制的点心配方，就如今人公布专利一样，比如通

① 冼冠生《改良茶点之我见》，《申报》1926年12月20日第17版。

过舣父的《著名夏令粤点》公布了伊府凉面、出壳绿豆沙、岛津凉粉、广东凉糕、牛奶西米冻等几种夏令名点的制法。[1] 但传统的岭南名点仍然流行——没有传统，何来现代——比如著名的伦教糕就是，而且今天仍然是顺德菜馆中的招牌点心："广州是在很热的南国，所以广东的吃食，在热天吃起来是很有趣味的，我最喜欢吃的是伦教糕，冷冻冻吃下去真舒服。以前在苏州，只有广南居一家有得出售，迟一步去便买不着，和叶受和的小方糕一样出风头。到了上海之后，伦教糕到处都有卖，而且其他有味的食物很多，广东馆子小食店开了不少，那（哪）一家不是在把'吃在广州'的秘密，公开给上海的吃客。"[2]

关于这伦教糕，苏州人还黑纸白字地闹过大笑话。"尚有广东茶食店两家，一名广南居，一名马玉山，地点俱在元妙观以西……惟暑月素点，名冰花糕者，广东店独有之，其制法传自英京伦敦，故简称伦敦糕。凡广店规则，如物品于某日上市，必先期标名于水牌，藉以招徕主顾，'敦'字草书，与'教'字草体相似，店友不谙文义，故以误传讹，认敦为教，遂名此为伦教糕矣。'伦教'二字，何所取义？市侩不文，可笑已极，至今沿讹已久，即有文人为

---

① 舣父《著名夏令粤点》，《食品界》1933年第4期。
② 老伯《夏天广州吃》，《现世报》1939年第65期。

之指正，彼反将笑而不信也。"①

须知这伦教糕可曾有"岭南第一糕"和"广东糕点之王"的美誉，早在1910年，上海早期著名的广东茶居同安居就在《申报》5月17日第8版打出"同安居广告新增卫生净素伦教糕上市"的广告，并连续多日进行广告投放。其他各茶居也以伦教糕竞相招徕："南京路石路口易安居，今年营业上锐意求进，将门市各货，由社主潘君三次亲赴广州，拣运剔尖上等货来沪，以供社会需求……伦教糕一项，为粤中应时名点，该社已经特聘名手，业已开始自制发售，与市上普通货不同，质地清洁，食味优美，定价又廉。"②食品大王冼冠生的冠生园更是大肆鼓吹："伦教白糖糕创制于广东伦教乡，质料清莹，味香可口，为夏令著名之一种食点，河南路冠生园及其南京路北市支店，特请专师精良制造，出品以来，销路颇为畅旺云。"③

坐贾大热卖，行商也就可以走街串巷了。也是《申报》1934年7月3日第20版有一篇火雪明的特写《上海夏季测验》说："白糖梅子的声音过了节候，替之以'阿要伦教糕'，那卖糕的广东人，会把盛着白糕的筐子戴在头顶心，而不用双手去把握的。小弄堂里

① 莲影《苏州的茶食店》，《红玫瑰》1931年第7卷第14期。
② 《易安居又到新货品》，《申报》1924年5月1日第21版。
③ 《冠生园伦教糕上市》，1926年5月17日第19版。

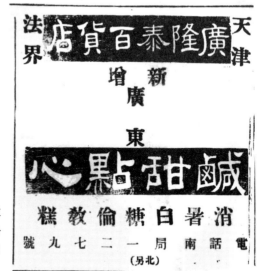

广隆泰百货店伦教糕广告，登载于《大公报》天津版1927年6月25日第6版

的赤膊孩子听到这亲切甜香的呼唤，一个一个飞出来瞧，有的丢了铜圆买，送进小嘴巴，津津有味地嚼；另外几个孩子，突出了眼，垂了手，在咽吐液。"伦教糕的魅力由此可见一斑，以至于伟大的鲁迅先生也忍不住要用他的如椽之笔记上一笔。他1935年5月在《漫画生活》第9期刊发的《弄堂生意古今谈》，劈头就说："'薏米杏仁莲心粥！''玫瑰白糖伦教糕！''虾肉馄饨面！''五香茶叶蛋！'这是四五年前，闸北一带弄堂内外叫卖零食的声音，假使当时记录了下来，从早到夜，恐怕总可以有二三十样。"大约鲁迅在广州待过，太太是广州人，所以二三十样小吃中，对伦教糕记忆深刻。

　　这款晚清民国时期风行江南的伦教糕到底美在哪儿？咸丰《顺德县志》说："伦教糕，前明士大夫每不远百里，泊舟就之。其实当时驰名止一家，在华丰圩桥旁，河底有石，沁出清泉，其家适设石上，取以洗糖，澄清去浊，非他人所有。"他处清泉不易得，改用鸡蛋清来"澄清去浊"，效果也不错，便广泛传开了。今天的做法或有改进，但大致不差。制作伦教糕首先要米好；从前顺德的米，可是比现在坊间热捧的泰国米要好两倍："粤省产米，以番顺两邑为最佳，米质愈佳，得价愈厚。计粤米一石所售之价，可转买暹罗等处洋米两石。"①

　　如此，将上好的隔糙大米（新米不行，隔上两糙的米也不行）浸泡磨浆，然后加糖水、糕种，放上十来个小时，再倒入蒸笼用中火蒸半个小时即可。雪白晶莹，光洁如镜，爽软滑润而有韧劲，好吃得很。在穷奢极欲的晚明，能征服嘴巴挑得很的士大夫，树立名声，传至后世，是很不容易的事，足以见出伦教糕的品质。这种精致细腻的品质，很对文人士大夫的胃口，而其口味的甜腻，也颇合于江南，大概是其风行江南的内在因由吧。

　　还有一款顺德点心，是令唐鲁孙先生都念念不忘的。他《吃在

---

① 《光绪十五年拱北口华洋贸易情形论略·土货出口》，《拱北海关史料集》，拱北海关志编辑委员会1998年编印本，第14页。

上海》中说，上海滩当年还有两款广东点心，十分风行。一款是西
式的永安公司七重天的"七彩圣代"，一款是憩虹庐最著名的粉果。
在广州，以十八甫茶香室的娥姐粉果最为著名，世称娥姐粉果，流
传至今。而在憩虹庐，做粉果的也是一位阿姑，是鼎鼎大名的陈三
姑。这娥姐、三姑的，实即顺德的自梳女也。粉果的皮是番薯粉
跟澄粉揉和的，香软松爽，不皲不裂；馅儿色彩缤纷，煞是惹味：
红的是虾仁、火腿、胡萝卜，绿的是香菜泥、荷兰豆，黑色是冬
菇，黄色是鸡蓉、干贝。蒸出来，光润透明皮儿，围着青绿山水的
馅儿，甭说吃，就是看也觉着醒眼痛快。所以，当年在上海，大家
都是排班入座，等吃粉果；在广州，更是形成了一句歇后语："娥
姐粉果——好睇又好食！"[①]妙的是，娥姐粉果后来成为最负盛名的
广州大三元酒家的招牌点心，而制作者点心大师麦锡，籍贯顺德；
1968年，麦大师还曾为毛主席精制点心。

其实后来这些流行的粤点，多偏西式了。据今人王稼句先生考
证，广东香山人马玉山1922年前创办的马玉山糖果饼干公司，1927
年被广东新会人郑达廷以四千银圆接盘，于1927年更名为广州食品
公司。公司既经营上海冠生园、梅林、马宝山等产品，又聘用广东

①　唐鲁孙《吃在上海》，载《中国吃》，广西师范大学出版社2004年版，第
115–116页。

籍工人办工厂，生产西式面包、蛋糕及广式糕点，以嘿罗面包、裱花蛋糕、广式月饼在苏州茶食糖果业内争得一席之地。同时，让小贩身背印有"广州食品公司"字样的面包箱在车站码头走街串巷叫卖，助推嘿罗面包家喻户晓。①

时人也早就指出，这些新式西点几乎垄断苏州市场："广式点心近年渐渐在苏州时髦起来，苏州原来的点心，受了外来的影响，在形式上居然有革新的。""旧式（食品）商店，现在也打破了闭关主义，把门户开放，销售新式糖果等食品，'香港''广州'两家食品公司，和沙利文都是天之骄子，奶油面包、陈皮梅、果子露、西式糖点在苏州的糖食铺里，占据了整个的市场。而具有相当历史的'广南居'，却被挖去了房屋，拿到了一笔巨额的挖费，终于在三年前宣告停闭了。至于那些新兴的纯粹新式的食品店，广式商肆，所有的糖果，更是大部分推销着'广州'和'沙利文'的出品。"②

当然，广式点心最惊艳的，肯定不在苏杭，而在广州和上海；作为繁盛惊艳至极的象征的"星期美点"，据说诞生于广州，但在上海似乎流行更盛——毕竟是中国最大的餐饮市场，也是竞争最激

---

① 王稼句《吴门饮馔志》，古吴轩出版社2022年版，第378页。
② 杨剑花《苏州饮食事业的今昔》，《中华周报》1943年50期。

烈的餐饮市场。

坊间相传，广州早期茶楼酒家的点心比较简单，多是杏仁饼、蛋卷、薄脆、糖果之类，有些茶楼则只是供应糖果食品，如糖莲子、糖冬瓜、糖橘子、糖金橘，以及糖荷豆等。等到民国之后，茶楼酒家为适应市场竞争及来自各地人群的需要，点心的品种才陆续增加，如豆沙包、麻蓉包、椰蓉包、叉烧包、腊肠卷等。牛肉烧卖、干蒸烧卖和虾饺烧卖也是民国后才出现成为茶点。20世纪20年代，广州陆羽居点心师郭兴（孖指兴）创制和推行所谓"星期美点"，打破过去每个季节才换小部分点心的做法，每隔一周，民众可以在茶楼酒家吃到不同口味的点心，如此快节奏的口味变化，自然吸引了不少食客。尤其是后出的茶室，首先以"星期美点"作招徕手段。又因为茶室食品是按单点叫，不比茶楼捧出唤卖，故更加细致，讲究质量；少数茶室甚至先叫而后蒸，保持鲜美。到1936年左右，广州市各茶楼酒家均以"星期美点"作卖点，每周以十咸十甜或十二咸十二甜，配合时令，以煎、蒸、炸、烘等方法制作，以包、饺、角、条、卷、片、糕、饼、盒、筒、盏、挞、酥、脯等形式出现，种类丰富多样；夏季还多出一两种冻品，清凉爽口。为了做成切切实实的"星期美点"，除引进西点外，也大胆引进上海等地的国内名点，而且更考手艺。比如上海传回来的奶皮猪油包，又名申江猪油包——如果猪油过多，脂肪太重，则美观不足；如果猪

●粤南酒楼本星期之點心

虹口粤南酒楼、每星期更换美點、本期鹹品上湯桂花球糯米燒鸡餅等、甜品則有桂汁鸡蛋撻芙仔焗布甸應時之冰凍糕等、皆可稱香甘美味、且地方清潔幽雅、堂後招呼週到、故早午茶市座位恒滿云、

《粤南酒楼本星期之点心》,《申报》1926年7月5日第22版

油过少,又不够松软;蒸时也必须用武火,否则包身不松软,而且会泻脚。蒸得好的申江包,形如蟹盖,色泽雪白。[1]

为什么"星期美点"兴由茶室?因为广式茶楼的发展,经由了茶居(相对小型,包括低端每顿只需花二厘的二厘馆)到茶楼(相对大型,有楼上楼下之别,高可三层)再到茶室之别。茶室,顾名思义,就是几间房间,不讲规模,但清净,茶好点心靓。如何靓法?除了做工精致,就是不断创新翻新——因为规模小,每次提供的品种不必多,但每天重复率可以大降,甚至可以整一周不重样,这就是"星期美点"了。[2]

虽然茶楼酒肆业合流,茶室风光短暂,但因此催生的广式点心的新生态,却确立

---

[1] 邓广彪《广州饮食业史话》,载《广州文史资料》第四十一辑《食在广州史话》,广东人民出版社1990年版,第240页。

[2] 参见冯明泉《广州茶室业十年》,载《广州文史资料》第四十一辑《食在广州史话》,广东人民出版社1990年版,第153-158页;并参英弟《广东的茶馆》,《人间世》1935年第33期。

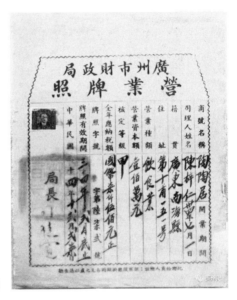

陶陶居营业牌照

了下来，以至于原籍广东的柳雨生在《赋得广州的吃》中总结说：
"广州点心的特点，不外乎它的巧小玲珑和种类奇多。什么是巧小
玲珑？每入一间广州茶楼（在广州，像陶陶居、莲香、占元阁、惠
如楼都很好），必可看到伙计们捧着大盒各式新制好的点心，走来
走去，任人选择。每一小碟，至少一件，至多呢，却也不过三件。"
小巧必然多样，不然怎么够吃；小巧而不多样，"如果要像在南京
夫子庙的雪园吃灌汤包子，一笼十二个"，纵小巧也会吃腻你，但
在广州，"那是从来不会有的"。"并且，点心的样式，又是新奇而
巧小的居多，在那里所谓大的鸡肉包子，一碟一个的，还不及夫子

庙的包子的一半大。"多样的另一种方式，就是每天出几个花样，然后三五天换一换，不让食客一眼瞅尽所有花样，从而保持一种新鲜感，但总体来讲，比起外地，那是多多了，即使"比起京沪的广东馆子，式样还要多个几倍"。①

广州的"星期美点"，即便经历改朝换代，也是盛风不坠的。牧惠先生在《广东的叹茶》里说，在1949年以后，"一次来了几位日本客人，他们在广州住了一个月，要求每天早茶的点心不重复，酒家轻而易举地交了差"。所以他说："你想知道有什么好点心可吃，上茶楼'叹'一下就是了。"广州的星期美点，真是美不胜收。②

涂景元先生的《广州星期美点》说："'食在广州'一语，诚与'广东是革命的策源地'同属轰然在人耳目间；而'广州食谱'四字亦随革命军北进——至少在上海，成为动人的招徕口号，招展南京路各大酒家楼头；使见者往往与革命党——国民革命军联想而为一。""是则广州之'星期美点'在日夕享用已惯，舌根已为此种食味所麻醉者当然视为无足重轻。而广州以外之人士心以为新鲜可口也无疑。即以上海之已尝过'广州食品'者而言，恐仍不免有'不是地道'之叹。《红楼梦》之'见土物輒卿思故里'，一般作客之

---

① 柳雨生《赋得广州的吃》，《古今月刊》1942年第7期。
② 牧惠《广东的叹茶》，2002年5月15日《光明日报》。

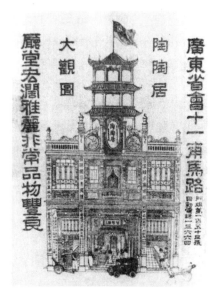

陶陶居广告

'广东先生'岂无同感？"①

涂景元先生文章写于广州，未免对上海有些隔膜；上海不是粤菜的大本营，却是粤菜向外发展的最重要市场。上海是当时远东最大的都市，也是饮食业竞争最激烈的城市。竞争激发创新，也激发粤菜酒楼菜式、点心（包括"星期美点"）的创新。从现存的二十世纪三四十年代上海两家并不十分有名的粤菜酒楼大同酒家和陶园酒家的菜谱来看，他们能提供的品种都在400种左右，试问今日之粤菜酒楼，无论京沪穗港，其谁能与之比肩？至于以"星期美点"

① 涂景元《广州星期美点》，《人间世》1934年第9期。

为表征的粤式点心，我们聊举在上海最有影响的报纸之一《申报》上的几则专栏广告，即可见一斑，亦可见上海不逊于广州。

今可检索得到的粤南酒楼在《申报》的"星期美点"广告从1926年6月8日开始，固定在第19版投放，一直持续到1932年1月17日，前期几无重复，统计无虑数百种，真是极粤点之大观，令人叹为观止的同时，也给我们无限的借鉴和启示。再从价格标示中，发现能持续五六年维持不变，如此价廉物美之风范，在今日也是难以做到的。限于篇幅，我们且列出1926年6月8日至1927年6月5日这一年之间的星期美点如下：

1926年6月8日　咸品：蟹肉百花酥□一角，脆皮烧腰饼□五分，鸿图如意饺□五分，鲜虾百合球□五分；甜品：凤凰鸡蛋挞□五分，玉叶金腿蛋糕□五分，鲜奶露凉糕□五分，桂花莲蓉条□五分。

1926年6月13日　咸品：上汤鱼蓉角□一角，蟹黄酿荔芋□五分，鸽松鼠尾饺□五分，鸡蓉露粉筒□五分；甜品：红玫瑰凉糕□五分，奶皮蛋黄挞□五分，果子糯米糍□五分，杭仁莲蓉酥□五分。

1926年6月20日　咸品：上汤杭仁粉□一角，桃花煎鸡饼□五分，茄汁鳖鱼饺□五分，金钱鸡肝甫□五分；甜品：岭南甘露酥

□五分，苹果泥凉糕□五分，玫瑰马拉糕□五分，果汁鸡蛋挞□五分。

1926年6月27日　咸品：上汤玉龙饺□一角，露粉咸布甸□五分，锅炸鲈鱼饺□五分，大地火腩卷□五分；甜品：桂花焗蹄糕□五分，酥皮莲蓉包□五分，柠檬鸡蛋挞□五分，嗒咕奶凉糕□五分。

1926年7月4日　咸品：上汤桂花球□一角，糯米烧鸡饼□五分，蟹黄粉角子□五分，云腿百花糕□五分；甜品：桂汁鸡蛋挞□五分，茨仔焗布甸□五分，西柠冰冻糕□五分，莲蓉双凤酥□五分。

1926年7月11日　咸点：上汤玉台盏□一角，金陵鸭丝筒□五分，麟吐玉书饺□五分，咸箔饼□五分；甜点：枣泥马拉包□五分，鲜奶凉冻糕□五分，玫瑰冰遮厘□五分，酥皮蛋王挞□五分。

1926年7月18日　咸点：上汤桂鱼角□一角，蟹茸千丝脯□五分，三仙会瑶池□五分，龙凤茄汁盒□五分；甜点：鲜橙遮厘□五分，波萝凉糕□五分，蛋黄酥挞□五分，九里香糕□五分。

1926年7月25日　咸品：上汤火鸭粉片□一角，金玉笋皮夹□五分，虾子鱼云卷□五分，蘑菇滑鸡饺□五分；甜品：鲜奶遮厘□五分，西瓜凉糕□五分，梅桂马蹗盏□五分，果子布甸□五分。

1926年8月1日　咸点：上汤煎粉果□一角，碧玉鲜虾球□五分，丹阳甘露饼□五分，云腿燕窝饺□五分；甜点：豆沙方甫□五分，白兰这厘（咖哩）□五分，忌濂蛋挞□五分，杏仁凉糕□五分。

1926年8月8日　咸点：上汤滑虾丸□一角，蟹酿金钱菻□五分，云腿凤肝角□五角，鸡粒四时饺□五分；甜点：荷花遮厘□五分，杭仁拉糕□五分，香蕉凉糕□五分，苹果蛋挞□五分。

1926年8月15日　咸点：上汤蟹黄角□一角，蚝汁鲜虾圭□五分，灌汤瑶柱饺□五分，火鸭粒粉包□五分；甜点：橙露遮厘□五分，咪咕叻（巧克力）糕□五分，士多蛋挞□五分，果子马蹄糕□五分。

1926年8月22日　咸点：西红柿鲈鱼批□五分，白鸽松粉筒□五分，蟹肉凤凰卷□五分，果汁鲜虾饺□五分；甜点：桃梅蛋糕□五分，胞皮蛋挞□五分，山楂凉糕□五分，沙示遮厘□五分。

1926年8月29日　咸品：烧白鸽西批□五分，油鸡丝卷□五分，蟹肉凤眼饺□五分，网油鸡夹饼□五分；甜点：西米凉糕□五分，喱□遮厘□五分，冰肉拉糕□五分，蛋黄酥挞□五分。

1926年9月5日　咸品：鸡油萝卜饼□五分，茄汁蟹粉筒□五分，云腿荔芋夹□五分，鲜虾白菜饺□五分；甜点：莲蓉千层包□五分，香滑马蹄糕□五分，果汁鸡蛋挞□五分，栗蓉马蹄糕□五分。

1926年9月12日　成品：栗子盘龙酥□五分，云腿虾绿结□五分，金陵鸭丝卷□五分，虾子浮莲饺□五分；甜点：蛋黄马拉糕□五分，洋枚鸡蛋挞□五分，鲜奶汁布甸□五分，桂花莲蓉盒□五分。

1926年9月19日　成品：昆仑鸡粒酥□五分，蟹肉酿多士□五分，花菇鱼翅饺□五分，鲜虾仁粉饼□五分；甜点：香麻露戟□五分，奶油蛋挞□五分，百果拉糕□五分，栗蓉荔盒□五分。

1926年9月26日　成品：蟹肉军机酥□五分，雪里红杏卷□五分，云腿鸡丝筒□五分，麻菇虾粉果□五分；甜点：芝士蛋挞□五分，鸡油芦糕□五分，九屑蹄糕□五分，百合酥条□五分。

1926年10月3日　成品：碧玉红莲盖□五分，百花香糯□五分，三鲜荔芋果□五分，波兰蟹肉饺□五分；甜点：提子布甸□五分，麻肉酥包□五分，汁蛋挞□五分，炸龙牙蕉□五分。

1926年10月10日　成品：云腿明虾酥□五分，烧鸡粒芋角□五分，鹌鹑松粉卷□五分，庆祝双十饺□五分；甜点：和平蛋糕□五分，豆沙薯枣□五分，桂汁蛋□五分，果子层饼□五分。

1926年10月17日　成点：黄荔芋脯□五分，鸡腿软皮角□五分，罐汤蚝鼓饺□五分，京酱肉香卷□五分；甜点：茨蓉皮方甫□五分，核桃马拉糕□五分，香蕉蛋黄挞□五分，五仁肉冰酥□五分。

1926年10月24日　咸点：鹊玉书夹饼□五分，金陵荔脯角□五分，玉兰蟹粉包□五分，鲜虾石榴饺□五分；甜点：枣泥肉香卷□五分，麻蓉豆糠茨□五分，蛋黄酥皮挞□五分，鹅油马蕹糕□五分。

1926年10月31日　咸点：架厘焗茨围□五分，云腿粒芋角□五分，京都炸鸡丸□五分，三角鲈鱼饺□五分；甜点：山药玫瑰饼□五分，两蓉凤眼酥□五分，奶皮鸡蛋挞□五分，桂花马拉糕五分。

1926年11月7日　咸点：凤吐龙珠酥□五分，荔浦野鸡饼□五分，甫鱼金玉角□五分，崔肉梅花卷□五分；甜点：奶皮莲蓉批□五分，西河鸡蛋挞□五分，杏桃马拉糕□五分，淮山栗子盒□五分。

1926年11月14日　咸点：火鸡丝卷饼□五分，荔蓉凤肝角□五分，异味萝白糕□五分，茄汁蛤肉角□五分；甜点：莲蓉皮蛋酥□五分，生雪梨布甸□五分，奶精蛋黄挞□五分，香露马拉糕□五分。

1926年11月21日　咸点：葱油咸烧饼□五分，鲈鱼荔甫角□五分，虾子萝葡糕□五分，蟹蓉珍珠球□五分。甜点：焗莲蓉班占□五分，千层鸡蛋挞□五分，香滑马蕹糕□五分，椰丝软皮饼□五分。

1926年11月24日　咸点：葱油咸烧饼□五分，鲈鱼荔甫角□五分，虾子萝葡糕□五分，蟹蓉珍珠球□五分；甜点：焗莲蓉班占□五分，千层鸡蛋挞□五分，香滑马蹄糕□五分，椰丝软皮饼□五分。

1926年11月28日　咸点：鹊肉啼嘴批□五分，红玉双丝卷□五分，苏化荔芋角□五分，蚝黄蟹盒子□五分；甜点：松花甘露盏□五分，果汁蛋黄挞□五分，奶精马蹄糕□五分，莲子凤凰包□五分。

1926年12月5日　咸点：鸡蓉酿通粉□五分，蟹黄荔甫角□五分，菊花鲈鱼饺□五分，蚝汁猪腰卷□五分；甜点：玫瑰肉酥筒□五分，徽州墨精糕□五分，桑子露蛋挞□五分，西施咸蛋糕□五分。

1926年12月12日　咸点：金陵青豆酥□五分，锅贴茨菰饼□五分，杏桃凤肝饺□五分，可口荔蓉角□五分；甜点：焗西米布甸□五分，椰蓉马蹄糕□五分，果子占蛋挞□五分，桂花莲蓉条□五分。

1926年12月19日　咸点：什锦萝卜糕□五分，鲜蟹肉芋角□五分，金银腊肠卷□五分，茄汁桂鱼饺□五分；甜点：鲜奶皮蛋挞□五分，麻蓉肉冰酥□五分，冰花马蹄糕□五分，玫瑰甘露□五分。

1926年12月26日　咸点：如意凤王球□五分，甫鱼荔芋角□五分，香糯芋丝卷□五分，麻菇蟹粉果□五分；甜点：鲜橙汁蛋挞□五分，合桃马蹄糕□五分，提子焗蛋梅□五分，奶皮莲蓉饼□五分。

1926年12月27日　咸点：珍珠凤凰酥□一角，云腿蚝豉包□五分，鸡肝烧芋角□五分，秋叶鲜虾卷□五分，甫鱼象眼饺□五角；甜点：奶油上品盏□五分，果子水晶糕□五分，仁茸肉才甫□五分，苹果千层挞□五分，蛋黄莲蓉条□五分。（酒面菜食由上午十一时起至晚二时止）

1927年1月9日　咸点：桃花烧鸡合□五分，鲜虾金鱼饺□五分，金陵鸭肉卷□五分，荔蓉雀肉饼□五分；甜点：柠檬鸡蛋挞□五分，玫瑰共和糕□五分，栗子蓉方甫□五分，椰丝果子盏□五分。

1927年1月16日　咸点：淮山鸽松饼□五分，银湖粟米糕□五分，荔浦鲜虾角□五分，玉兰金凤饺□五分；甜点：杭仁酥皮挞□五分，椰子露蹄糕□五分，杏肉奶油饼□五分，莲蓉百合酥□五分。

1927年2月6日　咸点：富贵牡丹□五分，酥鸿图如意饺□五分，杏花瑶柱卖□五分，京丽蟹黄结□五分；甜点：果子共和糕□五分，玫瑰脆皮挞□五分，莲蓉凤凰酥□五分，夹沙五仁饼□

五分。

1927年2月13日　咸点：云腿锅鸡饼□五分；甜点：果汁锅贴茨□五分，蛋黄奶油挞□五分，玉莲玛瑞糕□五分，五仁水晶包□五分。

1927年2月20日　咸点：家乡肉烧饼□五分，蟹肉□甫角□五分，银牙煎春饼□五分，蚝汁凤眼饺□五分；甜点：桂花酥皮挞□五分，果子玫瑰卷□五分，鲜陈鸡蛋糕□五分，莲蓉焗酥条□五分。

1927年2月27日　咸点：紫盖荷叶卷□五分，清虾仁春饼□五分，鸡蓉灌汤包□五分，金钱凤肝饺□五分；甜点：□□啤布甸□五分，鲜奶蛋黄糕□五分，杏露鸡油挞□五分，玫瑰凤凰球□五分。

1927年3月6日　咸点：岭南甘露饼□五分，果汁鸡粒卷□五分，鸿图荔甫角□五分，口蘑蟹肉果□五分；甜点：桃花马瑞糕□五分，千层凤凰挞□五分，玫瑰鸳鸯酥□五分，百花鸡蛋卷□五分。

1927年3月13日　咸点：花菇蚝豉酥□五分，鲈鱼荔浦角□五分，云腿粒粉筒□五分，罗汉素饺子□五分，甜点果子炸香茨□五分，椰汁焗蹄糕□五分，奶精蛋黄挞□五分，淮山马拉糕□五分。

1927年3月20、27日　咸点：粟米凤凰球□五分，杏花脆皮卷

□五分，金陵蟹肉饺□五分，鸡蓉珍珠球□五分；甜点：鹅油酥皮挞□五分，百花坭马拉□五分，玉莲苏香饼□五分，椰蓉肉酥角□五分。

1927年4月10日　咸点：油白鸽批□五分，云腿河虾包□五分，藕米炸鸡饼□五分，扬州鲜虾果□五分；甜点：鲜柠檬蛋挞□五分，八宝椰蓉包□五分，鹅油马蹄糕□五分，豆蓉焗苏条□五分。

1927年4月17日　咸点：明虾焗夹饼□五分，蟹肉烧多士□五分，鱼翅雀肉包□五分，云腿鸳鸯饺□五分；甜点：桂花椰蓉盏□五分，杏露鸡蛋挞□五分，鲜橙汁布甸□五分，果子千层糕□五分。

1927年4月24日　咸点：杏花烧腰饼□五分，烧金钱鸡角□五分，网油凤肝卷□五分，蟹肉燕窝□五分；甜点：吃喱嗱蛋挞□五分，桃梅马蹄糕□五分，椰蓉双凤酥□五分，桂花玉莲饼□五分。

1927年5月1日　咸点：雀肉凤肝苏□五分，鲜虾锅贴饺□五分，蚝油鸡粒卷□五分，甫鱼火腩角□五分；甜点：桂花莲蓉合□五分，果子焗蛋糕□五分，奶皮梅桂饼□五分，椰汁蛋黄挞□五分。

1927年5月8日　咸点：雀肉炉鱼条□五分，蟹蓉灌汤饺□五分，鲜菇滑鸡包□五分，金钱烧虾盒□五分；甜点：桂花忌濂盏

□五分，冶蓉皮蛋苏□五分，西河红枣糕□五分，果子露蛋挞□五分。

1927年5月15日　咸点：蚝黄会燕苏□五分，粟米蓉露粉□五分，苏炸东坡肉□五分，茄汁三星饺□五分；甜点：椰汁提子戟□五分，橘果露蛋挞□五分，莲蓉千层糕□五分，玫瑰马蹄糕□五分。

1927年5月22日　咸点：金钱烧蟹饼□五分，蚝油雀肉卷□五分，鲜虾粟米盏□五分，云腿蝠蝠鼠饺□五分；甜点：椰蓉糯米糕□五分，菠萝汁蛋糕□五分，荷兰焗布甸□五分，提子露蛋挞□五分。

1927年6月5日　咸点：荷兰烧鸡批□五分，云腿鲈鱼角□五分，蟹肉半透包□五分，桃花鸳鸯饺□五分；甜点：玫瑰蛋黄挞□五分，果汁焗疆盏□五分，椰子蓉苏角□五分，桂花鸡蛋糕□五分。

这一年，共推出咸甜点心近400种，几无重复；当然不妨试试幼儿园小朋友的"找不同"活动——在简单之中，也有对其复杂的惊叹；一年尚已如此，五年统计下来呢？其他酒家一并统计出来呢？！这种创新能力，正是市场竞争的产物，当然也是"食在广州"的不懈追求，是"食在广州"这个大本营，也要甘拜下风的。

著名教育家陈序经先生说：
"广东是新文化的先锋队，也是旧文化的保留所。"
饮食也一样，很多内地的饮食传统渐渐失传，
唯在广东得以存留，比如传统的火锅或者暖锅，
在粤地以"边炉"形式发扬光大，
并在民国时期，成为一时风尚。

相逢故旧无多语　解说边炉骨董羹

　　王稼句先生的《暖锅》说："冬至以后，苏州人家的饭桌上往往有一只暖锅。钱泳认为暖锅滥觞于上古鼎彝。"当然，"从鼎彝发展成为暖锅有一个漫长过程。先是有火锅，用金属或陶瓷制成锅炉合一的餐具，炉置炭火，使锅汤常沸，以熟菜肴，且随煮随吃。这种样式的火锅，前人已称为暖锅，又称它为边炉"。并称文献记载并不很早，举了元末昆山吕诚《南海口号六首》之一的例子："炎方物色异东吴，桂蠹椰浆代酪奴。十月暖寒开小阁，张灯团坐打边炉。"又举明人陈献章《赠袁晖用林时嘉韵》的诗例："风雨相留更晚台，边炉煮蟹饯君回。扁舟夜鼓寒潮枕，又是江门一度来。"进

而指出："边炉的说法，很可能由岭南而来。"①这真是太难得了。现今的写食者，就像面对舶来之品必考证说咱们古已有之，对身边诸物"考古"的结果也一定是乡帮的旧物。王先生不愧是大家，无论如何是尊重历史，至少尊重文献：文献不可征，虽江南亦不争；文献可征，是岭南又何妨？

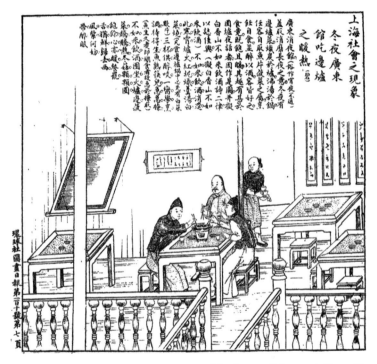

《上海社会之现象：冬夜广东馆吃边炉之暖热》，《图画日报》1909年第110期

---

① 王稼句《暖锅》，载《吴门饮馔志》，古吴轩出版社2022年版，第207页。

是也。王先生所征文献，都是指向岭南：第一则文献中的吕诚虽是吴人，所咏却是岭南的事；次之的陈献章，乃明代岭南大儒；复次的黄佐《湛子宅夜燕和吕子仲木边炉诗》云："围炉坐寒夜，嘉宾愕以盱。朱火光吐日，阳和满前除。众肴归一器，变化斐然殊。食美且需熟，充实谅由虚。妙悟得同志，揽环誓相于。"黄佐也是广东香山人，曾官南京国子监祭酒，赠礼部右侍郎，大有功于地方文物，撰有《广州人物传》《广州府志》《广东通志》《罗浮山志》《广西通志》《香山县志》等。因此，黄佐诗咏边炉，是值得我们重视的。

行文至此，那我们不妨循此再"上下求索"，以更进一步说明"边炉"何以在某个时期，渐成粤菜独传之佳味。

比吕诚稍晚的另一位著名吴中人士，明初宰相高邮汪广洋，洪武六年（1373）被贬广东行省参政时，写过一首《岭南杂咏》："吉贝衣单木屐轻，晚凉门外踏新晴。相逢故旧无多语，解说边炉骨董羹。"[①]详诗意，当时边炉和骨董羹已可并称岭南毋庸讳言的大众美食了；当然也可以理解为一种食物，即以边炉的方式烹制骨董羹。而这骨董羹，又称谷董羹，则是自宋已经流行，并因苏东坡而得名："江南人好作盘游饭，鲊脯鲙炙无不有，皆埋在饭中，里谚曰

---

① （明）汪广洋《凤池吟稿》卷十，明万历刻本。

'掘得窖子'。罗浮颖老取凡饮食杂烹之，名谷董羹。诗人陆道士出一联云：'投醪谷董羹锅内，掘窖盘游饭碗中。'"①

这骨董羹，到后来，因地制宜，各逞其味。比如在海边，则以海鲜为主；陈献章在《赠袁晖用林时嘉韵》中是"边炉煮蟹"，在《南归寄乡书》中是"生酒鲟鱼脍，边炉蚬子羹"。②稍后，广东边炉还作为岭南风味的象征之一走出了广东，来到了安徽："山中初识岭南风（程），坐客围炉语笑同（惠）。诗酒递催如转毂（刘），莺花重赏恨飘蓬（许）。烹调百试谁知味（伦），唱和千回子奏功（程）。道阻盘飧乡物少惠，也须拼醉博诸公（刘）……弘治庚戌孟春晦日，予与歙训导南海黄文惠、休宁训导昆明许琏、太平黄伦会于教谕南海刘孟纯之廨舍，刘君出边炉饷客，客饮尽欢，而黄君复请夜酌，遂得联句五章如右。"③

当然，广东边炉大规模北渐，须得粤菜馆开向京沪，早期京沪粤菜馆均以边炉为尚。陈莲痕说："东粤商民，富于远行，设肆都城，如蜂集蓝，而酒食肆尤擅胜味……而冬季之边炉，则味尤隽美。法用小炉一具，上置羹锅，鸡鱼肚肾，宰成薄片，就锅内烫熟，瀹而食之，椒油酱醋，随各所需，佐以鲜嫩菠菜，益复津津耐

① （宋）苏轼《盘游饭谷董羹》，载《仇池笔记》卷下，四库全书本。

② 均见（明）陈献章《白沙子》卷七，四库全书本。

③ （明）程敏政《围炉联句》，载《篁墩集》卷八十四，明正德二年刻本。

味。坠鞭公子，坐对名花，沽得梨花酿，每命龟奴就近购置，促坐围炉，浅斟轻嚼作消寒会，正不减罗浮梦中也。"①

一代食神谭延闿短暂旅居京华期间，常上粤菜馆，颇赏其边炉：

1908年11月25日　汪九亦来，台生继至，同饭。有广东火锅，极好。

1913年12月3日　同黎、梅、危至天然居吃广东大锅，饮尽醉。

1913年12月11日　同黎九、梅、危至天然居饭广东锅，尚佳，有清炖牛鞭，则无敢下箸者，亦好奇之蔽也。②

此后，广东边炉，时在念中，时在食中。如1918年11月14日，时在郴州军中，"午饭，有谢冠军所送广东铁火锅，食而甘之，为加餐"。即便到了广州，吃最时尚的蛇羹，如非就食于边炉，仍觉难尽其美，因为最负盛名的太史蛇羹，即不离边炉：

1923年3月28日　晴，与沧白同访杨肇基，遂偕乘车至天字码头，渡河至江霞公家，范石生先在，杨以迷道后来。顷之，宏群、曙村来，张镜澄、李知事、徐省长、李福林、吴铁城皆至。登楼，

① 陈莲痕《京华春梦录》，广益书局1925年版，第72—73页。
② 《谭延闿日记》，中华书局2019年版，第1册第260页，第2册392、397页。

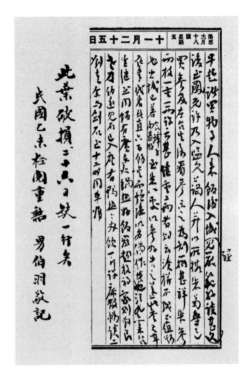

谭延闿日记页面

看席。下楼，入席。江自命烹调为广东第一，诚为不谬，然翅不如曹府，鳆不如福胜，蛇肉虽鲜美，以火锅法食之，亦不为异。

1923年12月9日　幼秋邀同至陆羽居小酌，非粤味也，烧猪可零买，油鸡极肥，子鸡、腊肠饭尤精美，惟蛇不佳，既不用火锅，且鸡多蛇少，偶有腥气，不敢多食，信江虾之言不诬。去十五元余，乃觉视南园廉也。[1]

————————

① 《谭延闿日记》，中华书局2019年版，第9册第442-443页，第10册第56-57页。

终民国之世，北平的粤菜馆都以边炉相尚，比如后期新兴的西单北大街大木仓东口的新广州食堂，自称"北京唯一粤菜馆"，即以"边炉"为招徕。①北京如此，天津亦然："粤菜专家万寿厅纪念开幕二周年，酬谢主顾大减价。粤菜边炉，广州风味。地址：绿牌电车道。"②

在上海以宵夜先行的粤菜馆里，边炉更为引人注目，足证边炉为粤地特色。早在1887年，辰桥的《申江百咏》就写道："清宵何处觅清娱，烧起红泥小火炉。吃到鱼生诗兴动，此间可惜不西湖。"自注曰："广东销夜店，开张自幕刻起至天明止，日高三丈皆酣睡矣。冬夜最宜，每席上置红泥火炉，浸鱼生于小镬中。且鱼生之美，不下杭州西子湖，尤为可爱。"③在早起早睡的内地，在上海开消夜馆的，就只有勤勉的广东人了；当然，消夜馆起初也主要是为随着上海开埠而至、晚睡晚起的粤人服务。但广东人做消夜，可是讲究得很，1906年出版的颐安主人《沪江商业市景·消夜馆》说："馆名消夜粤人开，装饰辉煌引客来。"偏又能做到价廉物美："一饭两荤汤亦备，咸贪价小有衔杯。"④宜其后来日趋发达。

① 《新广州食堂广告》，《新北京》1943年11月27日第4版。
② 《万寿厅粤菜馆广告》，《大公报》天津版1947年10月6日第1版。
③ 顾正权编《上海洋场竹枝词》，上海书店出版社1996年版，第84页。
④ 顾正权编《上海洋场竹枝词》，上海书店出版社1996年版，第135页。

　　辛亥革命之后，粤菜声誉大涨，冬夜边炉更旺："宵夜店为广东人设者，多在四马路一带，每份一冷菜一热菜一汤，其价大抵二角半。冷菜为腊肠、烧鸭、油鸡之类，热菜为虾仁炒蛋、鳜鱼、炒牛肉之类，亦可点菜吃。冬季则有各种边炉，又有兼售番菜莲子羹、杏仁茶、咖啡等物者。"①旺到歌之颂之："不如来饮酒，消遣此寒宵。炉火红泥炽，羹汤白菜烧（凡食边炉，锅中必先有白菜数片）。三杯供醉啖，一脔学烹调。待得生鱼熟，筷儿急急撩。（鱼生久煮即老，食者故急于撩取。）"又有："不如来饮酒，团坐火炉边。菠菜腾腾热，冬菇颗颗圆。饱余心亦暖，餐罢舌犹鲜。归去西风紧，何妨带醉眠。"②

　　北伐之后，"食在广州"在上海进入鼎盛时期，原来的宵夜馆也纷纷"升级换代"："四马路神仙世界隔壁燕华楼酒家，开设二十余年，现将内部重行整理，大加刷新，择于二十四日开幕。闻该楼由粤地聘到名厨数人担任烹调，嗜食广式酒菜者当必乐赴该楼一试也。"③稍后甚至打出了"唯一广州食品"的旗号，而传统"红泥小

---

① 上海商务印书馆编《上海指南》，商务印书馆1912年版，卷五"食宿游览"第15页。

② 失名《咏广东馆吃消夜》，载云间颠公编辑《最新滑稽杂志》第三册，上海扫叶山房1913年版，第30页。

③ 《燕华楼酒家扩张开幕》，《申报》1927年9月18日第19版。

火炉"的边炉也升级为电气边炉："广州唯一食品燕华楼：厨师粤聘，食品求精。咖喱滑鸡，远近驰名。电气边炉，卫生洁净。诸君光顾，无任欢迎。"①

作为泛粤菜的潮州菜，也同样重边炉，沪上名士徐珂就一尝难忘："主人饷两泡（工夫茶），餍我欲矣，既而授餐，则沪馔、潮馔兼有之。龙虾片以橘油（味酸甜）蘸食也，白汁煎带鱼也，芹菜炒乌鲗鱼也，炒迦蓝菜（一名橄榄菜）也，皆潮馔也。又有购自潮州酒楼之火锅（潮人亦呼为边炉，而与广州大异），其中食品有十：鱼饺（鱼肉为皮，实以豕肉）也，鱼条（切成片，中有红色之馅）也，鱼圆（潮俗鱼圆以坚实为贵）也，鲦鱼也，青鱼也，猪肚也，猪肺也，假鱼肚（即肉皮，沪亦有之）也，潮阳芋也，胶州白菜也，汤至清而无油，无咸味，嗜食淡者喜之。苟饮醉心，午餐饱德。珂两客羊城，屡餍广州之茶馔，而潮味今始尝之，至感质庵、蒙庵之好客也。"②

后来潮州菜馆的报章广告以边炉为招徕，今人不得其尝，难明就里，则参考徐珂所叙即知之："今太平洋菜社，特聘名厨，添设潮菜，其烹调布置，远胜于徐得兴，故就食者无不称美。尤以鱼翅

---

① 《燕华楼广告》，《申报》1928年2月25日第6版。
② 徐珂《茶饭双叙》，载《康居笔记汇函》，山西古籍出版社1997年版，第360-361页。

一味，最擅胜场。其冬令应时食品，则有鱼生边炉等，风味与市上所售者迥别，紫兰主人曾往尝试，许为知味云。"①而潮人宴客，也常以边炉为自豪；广州菜兴打边炉，潮州菜兴吃暖锅，风尚大体还是一致的。"去冬我同一个潮州同学到四马路书局去买书，经过一家潮州菜馆，那位同学便触起乡情，硬要我同他进去吃一顿潮州菜的十景暖锅，我不便推却，就同他走了进去。"②

说到这里，大多数人都会认为，火锅与边炉，应该是名异而实同，而在今天，人们更容易以为如此，因为随着现代社会经济发展，交通发达，物流便捷，饮食融合，趋同而略异，自然不易分辨。好在有位叫敏仲的人，在业界权威的《食品界》1934年第8期，撰写发表了一篇《何以消夜？曰：火锅与边炉》，为我们具道边炉与火锅之异："现在菜馆里还应时上市的两种东西，当然是火锅与边炉了，火锅是熟菜，边炉是生菜，这便是边炉与火锅的区分。"但这并非广东边炉与内地火锅之异，因为广东人也同样吃熟的火锅，并举了两个例子：

什锦火锅：把熟的鸡肉、海参、烧肉、烧鸭、腊肉、鱼圆、猪

---

① 天仙《韩城之食》，《申报》1930年11月11日第13版。

② 陈天赐《潮州话》，《申报》1937年1月25日第16版。

《何以消夜？曰：火锅与边炉》，《食品界》1934年第8期

肚、鱼片、鸭肫肝、腰片、生葱、青菜、冬笋块，共放入火锅中，加鸡汤，待沸，入猪油一匙。

鱼生火锅：用鱼片、鱿鱼片、猪肚片、腰片、响螺片、牛肉片、鸡片、鱼圆、鸡蛋、豆腐、青菜、生姜、生葱、雪里红、冬笋，都生的洗净，有腥味的，加好酒喷郁（粤语，揉的意思）过，火锅内放汤及猪油作料，沸滚后，陆续入各物。随烹随吃，仿佛边炉风味。

以上两种火锅，乃广东人法。

作者还说，其实火锅多是广东的称谓，江南人则简称为锅或暖锅，也举了两例：

三鲜暖锅：以烹熟的鸡肉、猪肉、海参三物作主体，用肉圆、

鱼圆、虾蛋饺、蛋菜、粉丝等物为佐辅，暖锅式样，是在锅子的中间，突出一圆火囱，内置炭火，各肴分布火囱四周，炭火既炽，汤沸极速，汤竭随时加入，随时能沸。

家常暖锅：冬令气候寒冷，每餐菜肴，出锅即冷，平常家庭中，大都感觉到这种苦处，于是乎家常暖锅，乃大大的适用了，把暖锅生火后，放汤，加酱油、盐少许，再入猪油及味精，就把平常的荤素菜肴倾入暖锅——除非不能和在一起的菜如腥味之类，应当另吃，不可强入——一桌融融，便不致肚里结冰了，冬令各包饭馆送饭菜怕易冷，多采此法。

至于全生的边炉，则妥妥的"广东造"：

全生边炉：包括鸡生、鱼生、腰片生、鱿鱼生、虾仁生、牛肉生、肝生、蛋生各物在内，所谓"生"，即指各物都是生的意思，边炉大都用炭火黄泥小炉，亦有用火精炉、电炉，或煤气炉的，那似乎比较清洁些，可是普通菜楼和宵夜馆，设备较简，大多数是用的炭炉的，炭炉上加小铁锅或沙锅，入鸡汤既沸，加脂油，用箸夹各"生"入汤烫食，鲜美别有风味，佐以生菠菜或生黄芽菜，可以解腥膻，开口味，到菜馆吃边炉，各"生"盆可随意点唤，都是分盆计值的，普通"公司边炉"，定价约一元、元半、二元、三元等数种，规定"生"盆数，比较价值稍廉。

当然这并非一家之言，五年之后，还有人撰文，同样作如是观。[①]
粤菜馆也早就每以"边炉全生"或"全生边炉"作招徕。[②]

打边炉，至今为粤人所尚。至于较之四川火锅、羊肉涮锅如
何，则非本文所宜较论了。

① 亚盦《火锅·边炉·菊花锅》，《总汇报》1939年12月16日第5版。
② 《南京路陶陶居披露边炉全生上市》，《生活日报》1913年12月23日第9版；
《燕华楼之边炉全生》，《新闻报》1928年12月9日第1版。

"食不厌精，脍不厌细。"脍，到底是生吃还是熟吃？

如系生吃，何以后来"鱼生"成为岭南独传，

而"鱼生粥"却是熟吃？

绕来绕去，可以绕出诸多故事。

鱼鲙与鱼生

广东人吃鱼生之风，历史悠久，至今盛风不坠。但是，在传统之中，这鱼生也并非一味生吃，有时却是熟吃。特别是坊间以为凡书为"脍"或"鲙"者皆生吃，尤须一辨。

梁岵庐《粤西风土人物散记》从吃狗肉说到吃鱼生："今粤俗尚此，犹存古风，而北方人士，乃群相骇笑，与鱼生同，习俗迁变，贱古贵今，类此者又何可胜道！"[1]王市隐《文人好吃》也说："文人好吃，自古如斯。博学于文的孔子，《论语》也说他'食不厌精，脍不厌细'。前句意思甚明白，后句怎样讲？脍俗作鲙。就是

---

① 梁岵庐《粤西风土人物散记》，《建设研究》1942年5-6期。

以活鱼洗净，切为薄片，和以老醪椒品，自古视为席上之珍。汉魏以来，如枚乘《七发》、张衡《七辨》、曹植《七启》，都极力称赞他。今广东人好吃'鱼生'，即古代作脍遗法，古味重于中原，今转流行于岭表了。"[1]

上述种种，皆不尽然。孔夫子说的"食不厌精，脍不厌细"，不过是把鱼和肉切薄些，不是生吃，而是煮了吃，涮了吃，都易熟保鲜，更好吃。今人无怀氏也说："据《五杂俎》，所载鱼生，即脍也，谓聂而切之，沃以姜椒诸剂，闽广人最善为之。作者闽人，所言食法，固与今同，是鱼生于明季即已脍炙人口，降于今日，乃反少制此者矣。《五杂俎》并引'脍不厌细'语，谓孔子已尚此，未知信否？《说文》，脍，细切肉也。鱼生亦细切肉，谓为脍固然，然古人于此，是否生食，实一疑问。北方之涮羊肉，亦细切肉，似不能谓非脍，则其食时，固须入沸汤，俟其熟后食也。北人嗜牛羊牲畜，非若南中多鱼鳞之产，孔子所食，又安知其非涮羊肉之类乎？"[2]

言之有理。南方地区特别是扬州，时至今日，厨师仍以刀工见擅，就能说明问题。中国国家博物馆藏河南偃师酒流沟出土的宋墓

① 王市隐《文人好吃》，《紫罗兰》1944年第17期。
② 《脍与鱼生》，上海《正报》1945年8月20日3版。

砖刻展现了"斫脍"的场景：厨娘上穿交领窄袖袄，下穿长裙，裙外系有围腰，正一边挽袖一边准备收拾桌上的鱼。方桌上有一把短柄刀，大圆墩上有一条大鱼，刀旁还有柳枝串的三条小鱼，脚边放着洗鱼的水盆，桌前的方形炉子上架着双耳铁锅，炉火熊熊，锅中的水已沸腾——斫脍以快，正是得鲜美滋味的要诀，而非为了生吃。[①]牟润孙也在《宋代富贵人家的食品》中说到"斫脍"之重要："郑望《膳夫录》记载衣冠家名食，有凉胡突、鲙鳢鱼等。胡突又作馉，鳢鱼即鲤鱼。胡突是平常之品，而能出名，一定有特别技巧，脍自然更要名手去作。"[②]

当然，鱼生肯定不是明季才为人所尚，在元代文献中，已可以找到鱼脍生吃的做法："鱼不拘大小，以鲜活为上，去头尾肚皮，薄切，摊白纸上晾片时，细切如丝。以萝卜细剁，布纽作汁，姜丝拌鱼入碟，杂以生菜、芫荽、芥辣、醋浇。"[③]明代李时珍在《本草纲目》中还有关于生吃鱼脍的警示："鱼鲙，肉生，损人尤甚。"[④]

晚近以来，生食鱼鲙，几为岭南独存。但涉及岭南饮食的文字

---

① 参见王稼句《主厨》，载《吴门饮馔志》，古吴轩出版社2022年版，第159页。

② 见牟润孙《宋代富贵人家的食品》，载《海遗丛稿》初编，中华书局2009年版，第89页。

③ （明）佚名辑《多能鄙事》卷之二，明嘉靖四十二年范惟一刻本。

④ 《本草纲目》卷四十四，四库全书本。

《地方色彩写真：船与筏（一）"广东的船菜馆"》,《中学生》1930年第11期

中，如果单言"鱼生"，通常是生食；如与粥或边炉并说，则往往熟食。岭南之外，笔者所见，最早言及鱼生和鱼生粥的，当属近代改良派思想家王韬在日记中所述："（1858年8月24日）晨，同小异、吉甫往岭南估楼食鱼肉粥，别有风味。双弓米本取清淡，以养胃气，而粤人偏好浓厚，真为嗜好不同。"这鱼肉粥，也即鱼生粥。他是颇赏其味的，所以第二天又去，并有明确赞词："（1858年8月25日）薄暮，同吉甫、小异往岭南估楼啖鱼肉粥，颇足供老饕

一嚼也。"紧接着谈到了鱼生之美:"顷之,壬叔亦来,因共话鱼
生之妙。谓皖中叶翰池最嗜此味,胜于粥百倍。惜侏儒已饱,不
能再往试之矣。"受此诱惑,翌日即往尝:"(1858年8月26日)同
壬叔、小异、吉甫遄吃鱼生,活剥生吞,几难下箸。岭南濒海,以
渔为业,每啖生鱼果腹。鱼生一味,尚存此风。"鱼生不惯,鱼生
粥则不舍,故再连去三天:"(1858年8月27日)晨,同小异、阆
斋往吃鱼肉粥。""(1858年8月28日)晨,购鱼生一盘、双弓米一
锅,同小异、壬叔、春甫据案大嚼,颇餍老饕。""(1858年8月29
日)下午,邱伯深来舍剧谈,即约安甫、壬叔同往岭南估楼啖粥。"
不数日又还去过一次:"(1858年9月9日)下午,小异来邀往食
粥,吉甫、壬叔亦来合并。"真是吃上瘾了。等吃到香港,则鱼生
也不难下箸了:"(1861年闰8月26日香港)午后,偕惠生往茗寮食
鱼生。"①

　　鱼生粥美,上海便有了专门的鱼生粥店——王韬所吃的这家
"岭南估楼",则不知是否专门的粥店。"昨日四下一刻钟,时天甫
黎明,本邑美租界武昌路仁智里口第五百十四号门牌广东人鱼生粥
店失慎,火光上烛,直透云霄……"②在粤菜初进上海的时期,大的

---

① 汤志钧、陈正青校订《王韬日记》增订本,中华书局2015年版,第184、
　　186、187、190、379页。
② 《美界火灾》,《申报》1884年10月29日第3版。

粤菜馆没有开张之前，鱼生粥便是粥店或宵夜馆的主打："广东馆虽然有，但以卖消夜的小吃为有名，如鱼生粥及面点之类，且多在北四川路一带。"[①]

稍后，在北京，最早写到吃广东鱼生的，当属潘祖荫："（1863年12月5日）许涑文招，同韫斋、筠庵、汴生、馨士、莱山、檀浦吃鱼生。"[②]潘氏出身科举官宦，祖父潘世恩状元及第，官拜军机大臣，加太傅；父潘曾绶虽仅举人出身，亦官至内阁中书、内阁侍读；族伯兄弟中，也多有功名仕履；自己则是探花出身，官至工部尚书，并为一代书法名家和藏书大家。请他吃鱼生的许其光（字懋昭，号叔文），广东番禺人，虽然身世不显赫，仅累迁至御史、直隶修补道，却也是榜眼出身。当然，京城鱼生，最亮眼的，莫过于帝师翁同龢所述，那应该是很高级的地道鱼生，毕竟厨出顺德，且系达官贵人顺德探花李文田所请，因此极赞其美：

1865年10月30日　偕瀚石同赴仙城馆（广东会馆也，在王皮胡同），李若农招食鱼生，待许仁山、潘伯英、许涑文，良久始至，同坐者孙子寿，又广东人冯仲鱼、王明生也。鱼生味甚美，为平生

---

① 学礼《新楼选馔：六十年前的上海十景之一》，《大公报》上海版1937年3月6日第16版。

② 《潘祖荫日记》，中华书局2023年版，第63页。

所未尝。

1866年11月9日　出赴李若农招，食鱼生，饮微醺。

1890年11月13日　赴李若农招，吃鱼生甚妙，余肴精美。

其实，在当年，吃鱼生或许并非粤人"专利"，沿海地区的人可能都会吃，如他曾到上海嘉定籍状元、官至兵部、礼部尚书、大学士的徐寿蘅处吃过："（1892年9月11日）未初诣颂阁处吃鱼生，不甚佳。"真是有比较才有鉴别，也才有"伤害"——怎么能跟顺德鱼生比呢！顺德鱼生好，他处不能比，南海人是可以不服的，翁同龢也是可以赞同的："（1892年11月10日）巳正赴张樵野（南海人，今属禅城区）之招，同坐者钱子密、徐小云、孙燮臣、徐颂阁、廖仲山与余六，食鱼生极美，晚更进精食，剧谈，坐卧随意，抵暮始散。"徐寿蘅在座，估计也是服的。翁同龢在张荫桓处吃过鱼生，也吃过鱼生粥："（1890年12月13日）过张樵野吃鱼生粥。"[1]由此，正可证翁氏笔下的鱼生和鱼生粥是生熟有别的。鱼生粥，也是今日广东早茶最佳配点之一。

著名藏书家、教育家缪荃孙，因是李文田门生，往来密切，也

---

[1]　翁万戈编、翁以均校订《翁同龢日记》，中西书局2012年版，第1卷第448页、第2卷第520页、第5卷第2445页、第6卷第2589页、第6卷第2601页、第5卷第2451页。

三次得尝鱼生：

1890年9月29日　顺德师招吃鱼生，龚颖生、王可庄、仲弢、静阶、屺怀同席。

1891年8月24日　顺德师招饮吃鱼生，王弢夫、杨荬裳、龙伯鋆、李季驯同席。

1892年7月10日　顺德师招吃鱼生，王子裳、陈子砺、柚岑、麦晴峰、林□□（国赓）同坐。[①]

每次都是兴师动众的，可想见吃鱼生之热闹场面。

笔者尝考辛亥革命是粤菜在上海发展的一个重要节点，不仅消夜馆长盛不衰，像杏花楼这样的番菜馆也全面转型为地道粤菜大馆，鱼生或鱼生粥始终是上选，因为实在是太迷人了，有人便赋诗志颂："不如来饮酒，消遣此寒宵。炉火红泥炽，羹汤白菜烧（凡食边炉，锅中必先有白菜数片）。三杯供醉嚇，一脔学烹调。待得生鱼熟，筷儿急急撩（鱼生久煮即老，食者故急于撩取）。""不如来饮酒，团坐火炉边。菠菜腾腾热，冬菇颗颗圆。饱余心亦暖，餐

---

① 张廷银、朱玉麒主编《缪荃孙全集·日记》，凤凰出版社2014年版，第143、180、222页。

嶺南魚生粥
西水浒

魚生粥是廣東人特有的食品,稀飯賚成粥,切鮮魚片,透明光滑,滑似玻璃紙。食法有二:一種是先將煮魚片切少許攪油、葱花、薑絲,放入碗內,冲沸粥傾入,熱粥裏……一種鹽將煮魚片放在瓦煲裏,注入甜水和……共熟化生津,蓋毯葱花卻有,沸粥一碗,而後三二片隨用用筷子揖起浸入沸粥內發熱,澄樣吃起來煞前一種更易澄鮮矣,凡不會像煎一種鹽葉……揑內過久,我覺斷了不成片。

作:「微醒卯酒淝辰肚,泛刺卻波綢解忙,漲翰銀絲依作梢,王雅玉液淺溏溏。桃花共賓情偏顆,梅義同熱咻轉炎,鮮甲幾脣誕欲動,鰿芽七口向餘香。」

「屑桂叟歡忘一時,喫同野鶴亦稱宜。未朝暴雨隨忘湯,此日秋風別有思。未煙煙熒熒最妙,貝虹入室欵何奇,嗖來婆笑雙呼米,玉尺金梭作意炊。」

「休壩喈嘵撕頻工,狀向疲放借釣筒,供我們艺薬溏代廣東風生粥特色。一

詩「桃花魚粥更鮮龋」,鱸何詩「味比桃花魚粥更佳」。可知從前的魚生粥甚清雋,而且詩人要抬高魚生粥的詩意,亦「風味淡江都入妙」,「葵後疏蔬味更好」,他們把魚生粥作怍嶺南的藝術,「蔞蔞雲復勤欸得」,「紅調香稻鬆鬆龋」,「曾知細溏溏香梢」,「那香味食邊牙筒,七日留香,早晨行街過……

鰿風味好,桃花魚粥鵉鮮艷。」魚生粥偏九佳粥,光緒南海何秀根作:「漲翰思歸意朱詮,蓴藥型復勤狀欸,曾知細溏香梢,味比牛花魚粥更佳。玉揩鴿盞黃自佳,功粥水火偏證,何須棗食

銀絲品白佳,早起香嵐溫六甸。」伍詩見月波梅粹錄卷四,順詩見蒲芥常詩羊〈南詩〉,三人之詩可供我们艺薬溏代廣東魚生粥特色。一

詩「桃花魚粥鵉鮮艷」,鱸何詩「味比桃花魚粥有佳」

廣東人的習慣,早晨多到例店去吃,好像西洋人早餐食牛奶咖啡的習慣一般。鮮煮魚粥確是甜,廣東人吃海鮮,要講求鮮味,味鮮而後能甜,魚片太熟了,反而失了鮮甜味,必須火候經常,僅僅一熟,就可以保持鮮味。魚生粥之入詩集,也是廣東詩人的風物詩之一,我們共得七首,茲錄出來給愛吃魚生粥的人們欣賞吧:

魚生粥和鶴舟四首,光緒南海伍元勞

肌愛發凈子揩,

蜜桂鳴盞取次排,莫後蔬作:「紅香糊翃問撲鼻,另有一番同味過那香味食邊牙筒,七日留香,早晨行街過味感上去體會。」詩人對於吃魚生粥的藝術,他來枉窗相思字,叫尖偷輕起品茶,風味淡江都入妙,何須仙子贅胡麻。」紅梢牛江狀欧買,黃鏘一碗夢婆姿。書陵問味矣,化米蝴蝶英惹惹。」調香稻稱鬆白,鬆趁銀花雪粒紅,井殼蝥聚頷何堪談花月,妈蘭窄白笑春風。鮮平奈三種選相誇,沙綠偏算味葵加

西水浒《岭南鱼
生粥》,《工商新闻》
1948年第95期

罢舌犹鲜。归去西风紧,何妨带醉眠。"①

---

① 失名《咏广东馆吃消夜》,载云间颠公编辑《最新滑稽杂志》第三册,扫叶山房1914版,第30页。

方此之际，以鱼生宴客，想必更受欢迎，郑孝胥即吃过南海康有为的鱼生宴："（1914年11月16日）夜，赴康长素之约于辛园，座有冯梦华、王聘三、麦孟华。主人设鱼生，酹以白酒。"也吃过湖南人左子异的鱼生宴："（1916年11月18日）夜，赴左子异之约，食鱼生，座中有汪颉荀、刘聚卿、秦子和、康长素等。"①

鱼生可以入他人之厨，也可以入他派之肆。像后起的新世界游乐场的中餐，在主打京苏菜和川菜的同时，也不敢少了广东鱼生："中餐则京苏菜由春申楼专办，四川菜由前赵大帅厨司专办，为近今上海最适宜之菜也。外加广东鱼生风炉菜，为吃客想得样样周到。"②后来更被广为仿效："际此天寒，凡好此鱼生火炉菜者，不可不注意各家之价目。此种食法，现在非粤人所设之酒楼亦在仿行，以取其为应时之点缀。"③盛风之下，连粤西（旧时广西称粤西，广东称粤东）的词学大家况周颐都出来争一把："鱼生为吾乡美味，粤东人优为之，弗逮也。通成川者，鱼生馆也，其鱼生，美中之美

① 中国国家博物馆编、劳祖德整理《郑孝胥日记》，中华书局1993年版，第1539、1634页。按：左子异，即左孝同，子异其字，号逸叟、遁斋。湖南湘阴人，左宗棠之子。钦赐举人，纳赀为道员，历任北洋机器局、北洋营务处会办、江苏提法使兼署布政使。工书。左子异大约学广东或借粤厨吧，因为座中还有康有为。

② 《新世界告中西餐吃客》，《申报》1916年10月29日第1版。

③ 《冬季炉菜之调查种种》，《申报》1922年12月5日第17版。

者也。"①

前面讲了那么多鱼生和鱼生粥，但都没有认真讲这些鱼生和鱼生粥是如何做的。广东本土的例子不必举，就举几则外埠的记录吧。

《电声日报》1932年8月24日第4版有一篇《早晨的鱼生粥：一种优美的晨餐》，标题就很动人，内容更加诱人：

广东人是以食著名的，单讲到粥已经有不少的种类，无论鸡鱼鸭肉均有，况且一天里早上下午和晚上粥的种类也因时而异，在早上呢，大约总是鱼生粥最多。现在我想说的是鱼生粥，在每天早上你们如果在北四川路虹口一段，或东武昌路一带走走，许多卖粥店的牌子接触眼帘，牌子上尤其特别注目地写了鱼生粥三个字，价钱大约没有什么高下，普通是分一角半二角两种，有几间也有二角半一种，价目上的差别，只是量的不同，粥的味道是一样的。一碗粥大概有四五片猪肝，四只肉丸，四五片猪粉肠，此外又有几片腰花、一只半熟的蛋，还有四五片生鱼片，另外用一只小碟子盛了，预备食时才放到粥里的，因为鱼片容易熟，太熟了便不好吃了。此外还有切碎的油条、葱花，等等，一碗粥有了这许多配料，实在是很丰厚了，况且粥的本身已经很鲜美，再加上许多鲜味的东西，更

① 蕙风《餐樱庑漫笔》，《申报》1925年4月22日第12版。

刘既漂《水
上卖艇仔粥》,
《艺风》1933年
第1卷第9期

加有说不出的美味。现在天气渐渐凉了,在早上食一碗粥,实在是
一种很好的晨餐呢。

　　柳雨生虽然是广州人,但长期生活在外地,其《赋得广州的
吃》特别讲到广东的粥,所据的经验应该也是来自上海:

　　最著名的似乎是鱼生粥,里面的配料有生鱼片,有江瑶柱,有
细萝卜丝,有薄脆,有时候还有海蜇皮。这种鱼生粥的制法,不过
是在煮滚了的白粥之后,把这些配料很快地完全倒进锅里面,略微
烫熟,立刻就盛出取食。这种滋味当然是很鲜的。我有几位潮州
朋友,据说有一种海边捉来的极细的虾,嫩极,他们都是生吃的,

味才叫鲜美呢，煮过就不甚好吃了。此亦可为吾乡吃鱼生之一种副署。[1]

后来以回忆的笔墨写从前的广东的鱼生和鱼生粥，最好的两则当出自唐鲁孙和高阳之笔。唐氏说的是武汉，也更有外地的味道：

我因为不时光顾（武汉）冠生园，跟这家主持人阿梁渐渐成了朋友。有一天阿梁特地请我去消夜，吃正宗鱼生粥。他说吃鱼生一定要新鲜鲩鱼，把鲩鱼剔刺切成薄片，用干毛巾反复把鱼肉上的水分吸取干净，加生抽、胡椒粉，放在大海碗里，然后下生姜丝、酱姜丝、酸姜丝、糖浸藠头丝、茶瓜丝、鲜莲藕丝、白薯丝、炸香芝麻、炸粉丝、油炸鬼、薄脆，才算配料齐全。然后用滚开白米粥倒入搅匀，盛在小碗来吃。粥烫、鱼鲜、作料香，这一盅地道鱼生粥，比此前所吃鱼生粥，味道完全不同。来到台湾后，所有吃过的鱼生粥，没有一家能赶上阿梁亲手调制的鱼生粥的味道，醰醰之思，至今时萦脑海。[2]

① 柳雨生《赋得广州的吃》，《古今月刊》1942年第7期。
② 唐鲁孙《武汉三镇的吃食》，载《酸甜苦辣天下味》，广西师范大学出版社2008年版，第81页。

台湾著名作家高阳谈到鱼生，最为推崇广东，只是未审所指何时，时间或晚于唐鲁孙氏，适堪作为本文之结束：

谈到生鱼片，并非日本菜中所独有。西湖醋鱼的"带鬓"，已如前述（将生鲩鱼肉切成薄片，随西湖醋鱼上桌；鱼片大小似"鬓脚"，因而得名），广东的吃鱼生，则更为讲究。大致凡鱼嫩无刺的淡水鱼，都可以做鱼生；广东的鱼生，还要加上很多作料，最主要的是萝卜丝，须榨得极干，自然不辣不苦；其次是薄脆或麻花、馓子之类香脆之物，捏碎和入；调味品有盐、麻油、胡椒、红辣椒丝、芫荽、细丝切的橘树叶等，独不用酱油。食时中置大盘，倾入材料及调味品，大家一齐动手拌匀，雪白的鱼片及萝卜丝杂以鲜红的辣椒丝、碧绿的芫荽及橘树叶，颜色清新，更增食欲。[1]

_____

① 高阳《古今食事》，华夏出版社2007年版，第21页。

"秋风起，食腊味。"

秋冬季节，没有一煲腊味饭，如何将息？

遥想当年，粤菜北上京沪，腊味为其先行，

南杂店既卖腊味，也卖腊味饭，可是你能想象的景光？

食在广州　腊味先行

读岭南饮食文献，最有感觉的，莫过于《新上海》1926年第2卷第6期非我《广东人的腊味》。文章说："广东人的杂货店，到了冬天，便有一种腊味出售。这种腊味，广东人多用作冬至送礼的佳品。记得有一次，我有一位广东朋友，送了我一篓腊味，我起初因为不知道怎样烹调，胡乱烧吃，吃了几次．也不见得有什么美味。后来那位广东朋友，教我烧法，把腊味用湿布抹净（不可放入水洗），待饭滚的时候，放入饭里。这样烧法，一到了饭熟时，便觉着香味腾腾，不但腊味好吃，就是这顿饭，没有小菜，也吃上两三碗。"

因为它让我想起20世纪90年代中后期在广州求学时的一段美

顽《营业写真：
做腊肠》，《图画日
报》1910年第226期

好生活场景，即每届寒假，于宿舍苦读时，快到饭点了，不想去饭堂，就往小电饭煲里扔一两根广式腊肠，肠饭并熟，香气四溢，胃口大开；煮方便面时亦复如是，同样甚美。还曾以此招待女同学，并得赞美呢。即便毕业多年，还曾以之馈赠前来出差开会的学术界朋友，特别是那些独居自炊的朋友，并教他们烹饪之法，常因此自鸣得意。

工作之后，即便有机会出席一些高档宴请，席上也不废芥蓝炒腊味等菜式，以及腊味煲仔饭等主食；一些老广州，还将一些街巷小店的腊味煲仔饭视为尚味珍馐，引我同享呢。由此，追寻广式腊味的前尘旧影，倒是更为诱人了。

腊味，全国许多地方都有，因为在物质生活不丰裕的时代，将一些肉食腊制，无论待客及改善生活，都是必需的。孔夫子向学生收取的学费（束脩），就属腊味。广东腊味独具特色，成为粤菜的表征之一。张亦庵在专文《烧腊》中便说："烧腊这两个字在广东语言中已成一个专门的名词。"①至于广东腊味始于何时，不必细考，我们侧重的是外界的认知或者说对外的传播，因为再好的东西，没有得到接受认可时，也是可以被忽略的；食物的美好，通常也是通过接受和调适达成的。

而从传播和接受的角度看，"食在广州"，正可谓"腊味先行"。比如当年这些烧腊，在上海粤菜馆未兴之前，就在广货南杂店大兴了："所谓烧腊者，是指'广东店'所卖的那些新鲜烤制好的肉类而言，如叉烧（这是连上海人也最为熟知的一种食品）、烧肉、烧鸭、白鸡等东西。出卖这些东西的那一部分称为'烧腊台'，普通是附设于杂货店面的一角。这种广东式的杂货店，就是上海称为广东店的。"到后来，发现有利可图，酒菜馆才接过茬："现在，不只

---

① 张亦庵《烧腊》，《新都周刊》1943年第17期。

杂货店附设烧腊台，有好些酒菜馆也附设烧腊台了。"①

南杂店时代的烧腊，品种款式也远比现在要丰富，也远比酒店的供应要丰富；除了上面所举的叉烧、烧鸭、白鸡等"烧腊台上的主要物品"外，"烧鸡、蒸鹅、扎蹄、烧肠、烧排骨、烧肝、烧鸭脚包、卤水猪肚、猪肝、猪脚爪、猪心、猪头肉、猪耳朵，以至红烧牛肉等"都经常被摆上案台。因此，"若至烧腊台而谓之曰：'购卤味若干。'则操刀者把柜台上所有各种卤味各切些少，混成一起卖给你"②。民国人可有口福了。所以雷虹在《东南食味》对此欣羡不已："至于粤桂独有的日常便肴，烧猪尤其是乳猪、叉烧，卤味尤其是柱侯食品，那是一年四季天天供应的熟食，佐饭妙品。惟有腊味的香肠、腊鸭、金银肝之类，却要冬天有北风时的腊味，才是可口，而受人欢迎。"③

酒楼接棒后，也曾为酒楼的最佳招徕之一；比如唐鲁孙先生虽曾是北京谭家菜的座上宾，但他最为怀念的似乎是上海大三元的腊味"鸭脚包"："老资格的广东菜馆，要算南京路的大三元了……他家烧腊中的鸭脚包，的确是下酒的隽品，鸭掌只只肥硕入味，中间嵌上一片肥腊味，用卤好的鸡鸭肠捆扎，每天下午三点开卖，总是

① 张亦庵《烧腊》，《新都周刊》1943年第17期。

② 张亦庵《烧腊》，《新都周刊》1943年第17期。

③ 雷虹《东南食味》，《旅行杂志》1948年第1期。

一抢而光。"因为"上海虽有若干卖广东腊味的，可是谁也比不了大三元"。①

沪上著名的安乐园酒家甚至号称要来一场"腊味革命"："世界革命事业多矣，曰国体革命，曰种族革命，曰政体革命，曰家庭革命，未尝以腊味革命闻也。安乐园今竟以是鸣于世，得毋异乎？然阅者勿泥定革命之命字为'天命'之命，当解作'使命'之命可也。往者市上腊味家之制作，率由旧章，不思改革，自以为完了应负之'使命'矣，不知食家有未尽满意者。如'金银膶'一物，人多喜其甘而畏其肥，从未有人起而改革以调剂者。今本园创制'酿肠金银膶'一种，是即革除市上制造家所负陈陋之使命，而置'金银膶'于人人满意之地也。阅者不信，盍购试之，真觉肥瘦停匀，甘冽无比。又增创'保险封肉'一种，较之普通腊肉，甘香过倍。其余各式腊品，皆避陈法而求新颖，处处含革命精神，不惜费心力以研究之，特欲增诸君口福耳。虹口安乐园酒家主任陈秋谨布。"②

有的酒楼，则直接由腊味店增设或转设而来："（上海）南京路冯氏老牌陶园，为腊味烧味之专家，现特设粤菜部，已于念（廿）

---

① 唐鲁孙《中国吃·吃在上海》，广西师范大学出版社2004年版，第68页。

② 《腊味革命之解释》，《申报》1927年10月26日第9版。

四日开幕。"①由此也可见腊味之地位和影响力。

腊味风靡,冠生园这种食品业龙头老大也不敢怠慢,高度重视,专人负责,原产地采购:"南京路昼锦里西首冠生园食品公司总店,暨河南路支店、九亩地老店,每届秋末冬初,辄派专员,赴广东各地,采办著名腊味,罗列分售,受各界之欢迎。本届因总店范围扩大,搜集到埠之腊味,亦较往年为多,而花样如广东腊肠、鸭肝肠、五花腊肉、关刀腊肉、金两肝、鸭脚包、鸭腿、大腊鸭、腊牛肉干、鸡肉腊肠、虾仁腊肠等,色味鲜洁、香腻可口,允推腊味之上选。迩日该公司总支老三店,顾客购买此腊味者,异常拥挤,闻均赞为美味云。"②

终民国之世,广东腊味的行情,是"愈演愈烈",从下面这篇文章中就可见一斑:

岁聿云暮,百行百赞赞到烧腊行……旧历年是烧腊行最旺的时期,自奉,送礼,通通与烧腊行有关,无人可在此过年当中,与烧腊行不发生关系也。烧腊行,一间铺头,分两种生意,烧味是一种,腊味又是一种。烧味,包括烧鹅、烧鸭、烧肉、烧肠、叉烧以

---

① 《陶园腊味烧味专家特设粤菜部》,《力报》1938年1月26日第4版。
② 《冠生园广东腊味畅销》,《申报》1928年10月25日第22版。

東江特產　東莞臘腸　何蕙

在南方，廣東的東莞臘腸是頗有名的，尤以離東莞城約五十里的嫿於最著名，就惠州的「食家」百論，亦均採購于鈙惢，美味芬香，確有特色。戰前每斤約一元二角，較各處出品約貴二角餘，因其材料真實，故購者也不吝。

考其製法很講究：尤以豬肉分肥、瘦兩類，把肉筋及骨頭都除去，然後切為立偖正方形小粒，肥的用「硝」拌過（這樣肥肉便能透明而爽逸），將肥瘦肉混和為一起，加以適量的鹽、上等玫油及汾酒攪勻，入於殼薄的腸衣內，用水草分節（每節約一寸半至二寸長）縛緊，調于日光中三數天，後用蔴繩拎上，掛在空氣流通的地方炊透，待它發出那芬香的氣味時才出售，若未達到好吃時期，決不輕易出售。

關于吃臘腸的方法，順便談談：一般普通的人們蒸臘腸，必待至飯差不多熟了，方將臘腸放進鍋子裏，甚至用碟子僃上，以為這樣才不會散失其香味，其實大大錯誤，因臘腸內的肉料，經過相當時期的吹晒，肉的組織收縮堅實，絕非短時間所能熟透的，所以豬在落米時一齊放下，也不必用東西儭著，若是煲大鍋子飯，可待至水沸時放下，這樣蒸熟的臘腸，美味芬香都能保全。

東莞臘腸是馳名的，可是近年來鄉有今非昔比的樣子，用「米費食肉爊」只是吃飽了的人的風涼話，能夠吃得起東莞臘腸的，現在成了奢侈的享受了。

何蕙《东江特产·东莞腊肠》，《工商新闻》1948年第82期

外，又有卤味，卤味是隶属□味部的，卤水猪脚、猪心、猪肚、猪膶、珍干（胗肝）、猪头肉、大墨鱼。一个腊味部分，讲将出来，你唔流口水，我亦流口水。但且住，北风天，还有使你流口水的哩！南安腊鸭王上市了，金银膶、老抽腊肠、膶肠、腊肉、封鹅，一煲瓦罉饭，蒸多少腊味，问有谁人不流口水？烧腊行这一行，撇开旺月来讲，平时，他是最利便招呼人客，最利便唔够镟，急就章去斩料的。人与人的酬酢，得力于烧腊行不少。买腊味送礼，大姨

广州西
关第十甫路
腊味广告

妈生日，买对烧鸭去；三舅父来了，斩碟烧鹅油鸡，宾主尽欢，微

烧腊行不为功也。今人因营养关系，对肉食，甚于古人之思莼鲈，

烧腊行便是以营养最丰之肉食，供给于一般需要肉食营养之人的。

他日，吾人能脑满肠肥，胥得力于烧腊行，此非故甚其词以大赞烧

腊行之功。盖完全根据事实来赞佢，并没有高帽作用也。咪讲笑，

就快过年了，我还是去买番斤腊肠先！为之赞曰：

　　腊味卤味，予人便利。斩料加肴，皆大欢喜。北风一翻，又到

年关。买来腊味，强饭加餐。岂独自奉，堪作送礼。营养攸关，体面更重。维系感情，肠肥脑甚。贵行烧腊，关系非轻。[1]

　　广式腊味，尤其在上海，地位之高，还可从另一侧面见出，即成立了广帮腊味职工同业工会，并聘有法律顾问："本律师兹已受任广帮腊味职工同业会聘为常业法律顾问，嗣后如有侵害该会名誉权利及一应法益者，本律师当依法尽保障之责，特此通告。"[2]

　　腊味不仅在上海是粤菜馆和广东店的招牌，在哪里都是。比如在北京，金受申先生说："南馆中能保持原来滋味的，只有'广东馆'，一切蚝油、腊味、叉烧、甜菜、肉粥，以及广东特有肴馔，都能保持原来面目。"[3]20世纪40年代新起的万有食堂，也以腊味相号召："西单舍饭寺万有食堂，为本市独有之饭馆，专售广东菜蔬，如腊味、边炉种种，极为特别适口，且内设雅座洁净异常，整桌零吃，味美价廉，故开市未久，生意颇佳。"[4]

　　又且不说北京以及武汉、重庆、昆明、贵阳这些因抗战迁徙粤

---

① 捉笔人《百行百赞：烧腊行》，《亚洲商报》1944年第40期。

② 《顾忍律师受任广帮腊味职工同业会常年法律顾问通告》，《申报》1928年3月1日第3版。

③ 金受申《北京庄馆：庄肴馆各有风格》，《立言画刊》1939年56期。

④ 《万有食堂：粤菜腊味边炉拿手》，《晨报》1942年1月9日第4版。

人和粤菜馆较多的城市，连西安这样口味大异广东的西北城市，竟然也有以腊味相招徕的粤菜馆和广东店。"广州酒家：应时粤菜茶点，著名烧猪腊味，备有经济和菜，华贵筵席，地址东大街四八〇号。"①"夏令出品：早点：叉烧包、豆沙包、伊府面、广东粥品。上下午餐：应时饭菜、精致小吃、烧腊卤味、油鸡素菜。新添：伊府凉面、绿豆米汤、绿豆沙。南院门二十四号。"②近在咫尺的嗜辣的江西赣州，反倒更"吹水"广东腊味："广味有'广东酒家''国民茶室'，它们不仅可以包办筵席，还要兼制各色腊味、各种点心，小碗小盘，别具风味，'腊味饭'，多少人为它'香'得不亦乐乎。"③难怪广东腊味要纳赣州南安板鸭以为腊味名品了。

腊味有美关不住，早已娉婷出国门。有人就说，广东腊味，国内第一，没的说，广告也不用做："在去年的春天，上海的电车上和公共汽车上，布满了广东香肠香鸭的广告，当时我以为一桩平常事，而且认为可以不必做这样的宣传，因为中国各地方人在脑海中都知道广东香肠最著名。"就像我们今天仍然重视出口一样，外销的比例，才是检验产品的试金石："广东的香肠，在以往情形，不能说不发达，每年产销国内外也有千万元以上……在最盛

---

① 《广州酒家广告》，《西北文化日报》1938年8月30日第2版。

② 《广东腊味店广告》，《西京日报》1945年7月30日第4版。

③ 佚名《吃在赣州》，《人生报》1948年第1卷第5期。

的时期，约算在民国初年，每年约有四百万两出口，销售至美国的占百分之三十，南洋的百分之三十，其余百分之四十销往世界各国。"

如此盛举，应该离不开广告的功劳才对，可是作者笔锋一转，原来是几家"藉藉无名"的大商家在做："在广东做出口生意的亦仅三四家，合隆、晏如是最初的，继有的合益、吉祥、广如。前两家专运美国。合益专运南洋一带。吉祥关闭了。我因为合隆香肠是著名的一家，在美国吃中国香肠的，好似上海五芳斋汤包，北平便宜坊的挂炉鸭，广州大三元六十元鱼翅，除他们任何家都不如的情形，所以特地到他那里去参观，可是这家合隆虽然负有这样的盛名，然而广州本地人是不知道，且不知道这家铺在哪里，可是这种不善商业的宣传，本来我们中一般负有盛名的铺子，都有这样的通病，以为自己牌子老，还愁没生意做！"[1]

其实在老广州看来，有如今天很多广人看不上所谓的米其林、黑珍珠榜单餐厅而独喜巷口小馆一样，名记戆叟的一篇回忆，不仅值得老广珍视，也对外地的朋友如何觅食广式腊味，大有启迪：

---

[1]　孟轩《由美国香肠说到广东腊肠业及其制法》，《现代生产杂志》1936年第2卷第2期。

腊肠，晏如、晏栈两店可称为大名鼎鼎腊味专家，推销外埠极夥，本地亦远近驰名；若以腊味为交际送礼品，舍两店之制外，似不成敬意，因外观鲜明，欢迎者众也。然而讲究食家则嗜十七甫奇有海味杂货店所制之腊肠，虽价目尚比该两店稍昂，且外观鲜明亦未能与颉颃，乃反不以为逊，缘调味佳胜，晏如、晏栈均不能企及所致。说者谓两店每日用家豕肉既多，则美恶兼收挽集，在所不免，至外观鲜明，则用硝增其色，内部调其美恶，非加重糖酒不为功，两皆不宜，致失原来真味。惟奇有则不然，选肉既取其精，调味原料均皆上选，务求得其真味，以邀主顾考究者垂青，则价目虽比他家稍昂，想亦当见谅矣。记者僻处河南，虽奇有腊肠间亦尝试，然往往就便向附近福场院华光庙前胜隆杂货店购腊肠（该店并无他款腊味售）为助膳品，售价又比奇有每斤价目多三分。询之店伙，据谓伊店系家人妇子生意，人手不多，晒晾场既不广，每日只可出腊肠三四十斤，惟此种营业原料固当求精，而且当然天时人事缺一不为功，故每晨往市市肉无一定交易之店，非精肉不取，晒晾必须足够时日风热，倘遇霖雨经旬，宁可乏货应客，不求靠火烘焙，有失信誉等语。复云河北顾客亦不惮渡河着人来购，所以尚胜奇有一筹。该店主人系南海县盐步人，故所制腊肠系盐步款式，肠身肥壮，每斤用麻绳不多，非若晏如店等腊肠幼小可比。每斤取多价三分，实系弥缝麻绳之缺云云。记者系尝食家，非制腊味家，虽试其口味确系可靠，但说者所论晏如、晏栈及胜隆店伙之谈，是否信据，我粤旅沪制腊味专家者人才众多，无俟记者哓哓置喙也。[①]

---

① 懿叟《珠江回忆录》之六《饮食琐谈》,《粤风》1935年第1卷第4期。

"南米北面"，大体成立，唯于广东不成立；
不仅"岭南面自古所重"，更兼入馔，
在足以表征民国味道的粤菜馆中，
常常"独当一面"，堪称一奇。

南米北面？还看岭南面

俗话说南米北面，北方人会想当然地认为南方人是不怎么吃面的，尤其是南方以南的广东，但你走在大街上，赫然见着不少从早开到晚的面馆，特别是地道的竹升面，还上过《舌尖上的中国》。再泛一点讲，著名的广东早茶的点心，很多也都称得上是面点，尤其是广式馄饨——云吞，那更是自成一派。其实我们再往前追溯一点，岭南面，不仅早已有之，而且在民国还堪称辉煌呢。

在过去，岭南虽然也产麦，也磨麦制面，但物以稀为贵，所以不是用来做主食，而是用来做席上之肴以待客的，屈大均《广东新语》有类似而稍异的说法："广人以面性热，不以为饭。燕客时，乃以擘面、索面为羹汤。"面不当主食而当菜肴，自然会做得不同凡响，建立其特别的地位，故屈大均又说："岭南面自古所重。"并且说苏东坡就特别喜欢吃岭南面，并且忍不住亲自动手："常于博罗溪水日转两轮，举四杵，以作白面。"还以诗纪事："要令水力供白磨，与相地脉增堤防。霏霏落雪看收面，隐隐叠鼓闻春糠。"而磨出来的面及制成的包点更是色诱、香诱、味诱："散流一啜云子白，炊裂十字琼肌香。"岭南面好吃，苏东坡还吃得不过瘾，还要以制酒曲，以酿美酒，所谓"岂惟牢九荐古味，要使真一流仙浆"。屈大均最后总评道："其嗜岭南面若此！"①

七百年后，踵继苏东坡的足迹来惠州做知府的清朝大书法家伊秉绶，对苏东坡景仰有加，其留下的石刻《朝云墓志》等就可表征。但还有一项与面有关的发明，大约是得了苏东坡的神示，那就是伊面。伊面旧称"伊府面"，制法特异，与北方任何面食不同，因为面条是经油炸过的。因为炸过，所以，有时可以直接食用。在方便面初兴的时候，珠海出产的一种三鲜伊面，因为可以直接食用，许多小孩就拿来当零食吃，风靡一时。伊面的好处还在于，较之普通面条，它可以煮成汤面，也可以炒来吃，还可以焖，又可以配各种各样的作料，成为大小酒楼一道受众最广的主食兼菜肴。因此，著名美术评论家黄苗子先生，将广东伊面与四川泸州的菠菜

① 李育中等注《广东新语注》，广东人民出版社1991年版，第337—338页。

面，视为面食双绝。[1]

伊府面后来有很多版本，但终民国之世，基本上把"专利权"归于广东；伊秉绶固是福建人，但闽菜馆从未推出过伊府面，倒是粤菜馆将其作为传统名馔，有人并考其渊源："伊府面，为粤馆之佳馔，食之者众，足快朵颐。顾其名之所昉，殆鲜有知之者矣。阅光绪三年十月十二日王壬秋《湘绮楼日记》有云：'食炒面甚佳。始广东无炒面，伊墨卿守惠州日始为之，故曰伊面。今年司道迎巡抚索点心，云有伊面，崇藩台不知其为何物也。崇固贵族，此乃有儒者气象。以炒面为伊面，市井语耳，不宜出之士大夫之口，然伊面实不如吾家炒面也。'"[2]今检《湘绮楼日记》[3]，确实无误。此际王氏身在湖南长沙吃炒面，而忽道广东之伊面，应该是基于同治二年（1863）底至同治三年春夏应好友广东巡抚郭嵩焘之邀壮游广东的饮食记忆，则彼时，伊面已成为广东名馔了。

早在辛亥革命后不久，广东伊面就声传于外了。当然首先是在作为商业中心的上海，如1914年初陶陶居的广告："巧制蜜饯糖果、中西细点、伊府面饼，自办广东香肠、南安腊鸭……送礼品物，一应俱全，如蒙光顾，格外克已，函购立奉，请至大马路浙江

① 黄苗子《伊府面》，载《茶酒闲聊》，三联书店2006年版，第102页。
② 鹈《伊府面》，《新天津画报》1940年第9卷第26期。
③ 马积高主编、吴容甫点校《湘绮楼日记》，岳麓书社1997年版，第602页。

路口。"①不久又特别广告推销伊府面："伊府面创自名人，独出心裁。本居研究，特用上品滋料，维新监制，装璜贮盒，以备送礼，历时不变，居家点心，最为简捷，舟车携带，尤觉便宜，临时用开水冲食，香润甘滑，开胃健脾，洵合卫生，诸君请尝试之。每盒小银一角五分。南京路陶陶居谨启。"②此乃妥妥的方便面了，也应该与初创时期的伊秉绶家面大异其趣了，即便与王闿运记忆中的伊府炒面，也已相去甚远了吧。

这种新型伊面，应该是陶陶居首创，且确实颇有销路："本居始创真相伊府面与别家不同，研究精良，洵称色香味三绝，历久不变，临时用开水冲食，诚旅行家居，点心适口，最为简捷。营销伊始，名播遐迩，有口皆碑，无待赘述。但市上赝者日多，未免鱼目混珠，诸君赐顾，请注意焉。每盒小洋一角五分，南京路西首陶陶居。"③这种首创，也是可以置信的，须知上海陶陶居的老板，乃是后来鼎鼎大名的冠生园老板冼冠生，笔者在《粤菜北渐记》中颇有述及其事迹，可以参看。

当然，其他粤菜馆的伊府面还是多守旧制，如"北四川路粤南酒楼，对于食之研究，独出心裁，调味之可口，亦他家所未及。最

---

① 《南京路陶陶居年节礼品上市》，《申报》1914年1月14日第4版。
② 《真相伊府大面：此乃真相，与别家不同》，《申报》1914年5月27日第4版。
③ 《夏令卫生食品陶制伊府大面》，《申报》1915年7月31日第4版。

近特制鲜虾甫鱼长寿伊面，每盒一元，以应沪上各界之需求，为送礼之佳品云"。①像传播至于北方面食区的重要城市西安，伊府面也足资招徕，应该也不同于陶陶居的款。

当然，不独伊面，其他款式的面条，在各地粤菜馆中也占据相当之地位，如片儿面曾风行粤沪，惜今已不知其详："本酒家布置幽雅，招待殷勤，自开幕来，营业鼎盛。所烹菜肴面食，悉极可口，至茶市尤形拥挤，朝夕常告满座，香茗浓郁生风，佳点美味兼擅，个中以'糯米鸡''三民治'等为特色，而'片儿面'一物，更觉创见。盖是样食品，广州各大酒肆茶楼，类多制售，若沪地则堪称仅有，无怪尝试者，金谓风味别具，以珍馐一例看云云。"②

"广州仔"柳雨生也即后来旅居海外的著名汉学家柳存仁说，广东面好吃，也许并不在面本身，而在煮面的配料或汤汁，甚至是广东菜肴的烹饪，有如广东的早茶并不在于茶本身一样："在广州吃面食是不免逊色的，就算是护短一点，也至多觉得在广东所吃的面，汤汁比较的够味，配料比较的丰富而已。但是配料和汤汁并非就是面的本身，广东煮面用的配料或汤好，那是因为他们所做的其他的菜肴好的缘故，和面的本身并没有什么关系。"③南京一家弄堂

---

① 《粤南酒楼特制鲜虾甫鱼长寿面》，《申报》1928年7月16日第23版。

② 《北四川路虬江路南天天酒家宣称》，《申报》1931年6月18日第25版。

③ 柳雨生《赋得广州的吃》，《古今》月刊1942年第7期。

里驰名遐迩的粤菜小馆子的面条，正可印证柳雨生之说："五千元一碗的鸡杂面，大大的一碗，浇头也很多，食量中等的人，简直可以当一餐饭吃，而且味道也非常鲜美。如果你不喜欢汤面，不妨来一个炒面，但广东馆子的炒面，是不作兴'两面黄'的，其味道实驾'两面黄'之上，而且，那上面的菜，足够两人下酒而有余了。"①面上之菜都可以供两人下酒有余，那不是"喧菜夺面"了吗？1939年6月25日，宋云彬先生在桂林"（游泳上岸）赴广东酒家吃鸡球面一碗"，这鸡球面应该就像南京这家粤菜小馆的鸡杂面一样。②

在昆明西南联大时期，很多籍贯北方的"大佬"都会找广东面吃，如梅贻琦先生1941年1月14日"为（徐）行敏邀至昌生园食炒面"。③再如吴宓先生"（1946年8月16日）访庆，庆请宓同郭铮在春熙西段耀华粤式早餐，进牛肉面为寿"；以牛肉面充寿筵，也可见此面的"浇头"不一般了。④张宗和先生携家带口到冠生园吃中饭，主要靠着一盆炒面就使全家人吃得很饱，足见广东面之口惠

---

① 老兄《弄堂里的粤式小吃》，《社会日报》1947年9月25日第2版。

② 宋云彬《桂林日记》，载《红尘冷眼：一个文化名人笔下的中国三十年》，山西人民出版社2002年版，第37页。

③ 黄延复、王小宁整理《梅贻琦西南联大日记》，中华书局2018年版，第5页。

④ 吴学昭整理《吴宓日记》第九册，三联书店1998年版，第107页。

实至："（1943年7月9日）没有吃中饭，（一家人）先到冠生园吃点心，先吃了一盆炒面，大家都吃得很饱。"[1]

各地粤菜馆的广东面，最追求地道的，恐怕莫过于贵阳大三元酒家，他们的面条师傅请的是会制作老广喜欢吃的鸡蛋面的钱钜——据说是孙科的家厨。这种鸡蛋，应该就是现在广州面馆仍然保存并流行的鸡蛋银丝面；这鸡蛋银丝面，据罳庵所述，在民国年间，曾令多少达官贵妇竞折腰："三圣社池记面，也是在桥头摆上担子，晚上九时才上市，可是达官富人、名优贵妇都把汽车停在路边，站在担子旁一尝它的'银丝面'。（粤人喜吃脆的硬的食品，打面时多加鸡蛋，切面时切得极细，味腴而面滑）类此的事很多。"[2]

广东炒面还常常能帮粤菜馆撑场面，特别是在海外，又特别是在物资供应困难的战争时期。比如"英国自一九四五后未曾许一颗白米进口，因此中国菜馆也无从以白饭饷客，只是把炒面、汤面来代替，香港楼独出心裁，还有油炒大麦供应"。[3]在纽约那些基本上是广东人开设的面向外国人的杂碎馆，炒面也是他们主打的供应：

① 张以諲、张致陶整理《张宗和日记》第三卷，浙江大学出版社2021年版，第3页。
② 罳庵《广州情调》，《旅行》杂志1948年第10期。
③ 徐钟珮《伦敦和我·中国菜馆》，《中央日报周刊》1948年第5期。

"在纽约，很多人有每星期吃中国饭一次的习惯。只可惜他们顿顿吃炒面、杂碎，真正中国菜并不容易吃到。"①

在欧美，广东人开的杂碎馆主打炒面。在日本，广东人则主要靠云吞面获利，如陈以益《馄饨与云吞》所说，旅居日本的中国人中，有四分之一从事中国料理（中餐馆）业，其中"贫苦侨胞肩挑馄饨担以行商者，一如本国"，数量不少。"此等商人大半为广东籍"，"其价格比面馆更为便宜，大约叉烧面或馄饨均卖十钱"，本小而利厚。须知，这云吞非广东本土之云吞，实乃广东人所谓云吞面之面——偏正复词落在面上："日人呼面曰UDON，疑其音之与馄饨相似，料系日人在昔留学吾国，讹面为馄饨矣。""旋游日本，见面店招牌，果书馄饨（此等面店并不兼卖馄饨）。"而真正的馄饨，日本人则以馄饨的广东方言云吞来表示与书写："支那料理店，一律写作云吞，日本语呼为WANTAN，现代日本虽三尺童子亦知云吞之可供狼吞也。"所以，作者不得不感慨，还是广东菜的势力大影响深："云吞之称，原为广东方言，日人最喜广东料理……遂以云吞为馄饨。"②

同为面制品的广东云吞虽由内地馄饨转音而来，但早已自成一

---

① 范存恒《纽约的衣食住行》，《家》1948年第28期。
② 陈以益《馄饨与云吞》，《珊瑚》1932年第9期。

派，颇多佳制："西关的九记馄饨担子非夜午不出来，在住宅区的街道穿插，转眼卖光了。"①广州如此，香港亦然："……说到了这些，不由我不想起广州燕塘外沙河那里的沙河粉，荔枝湾的艇仔粥（上海滩虽亦有以艇仔粥之名出卖，但迥非此物），九龙城的馄饨面（港九阔人往往乘好几块钱的汽车去吃一碗馄饨的）。"②上海竟然也有："挑担卖馄饨共有两种，一种是高脚式的担子，边敲边击，其声卜卜；一种是低矮式的担子，不敲击竹筒而敲竹片，一面敲，一面喊：'虾肉馄饨面。'因为这种馄饨担子都兼卖面条，馄饨的馅是用虾肉、猪肉拌和，其式甚大，故有'大馄饨'之称，每碗起码小洋一毛，面价也相同。高脚担子历史最久，它只敲竹筒而不叫喊，馄饨都是小的，每碗起码一百钿（铜圆十枚），现在有几副担子也兼卖面条了。挑卖矮式馄饨担子为粤人所发明，他们的口号是'卖虾肉馄饨'，近来除粤人外，镇江帮、扬州帮也不少。"③

这种虾肉馄饨，根在香山（今珠海、中山，当时上海饮食商业从业者香山人，上海四大百货公司创始人就全部来自香山），自有其不传之秘，其制作方法，外人是难以知道，更难以学的。新出的珠海《唐家湾镇志》，披露了当年这一风行上海滩头的虾肉馄饨的

---

① 裳庵《广州情调》，《旅行》1948年第10期。

② 张亦庵《食在广州乎? 食在广州也! 》，《新都周刊》1943年第2期。

③ 郁慕侠《馄饨担》，载《上海鳞爪》，上海书店1998版，第184页。

〔鄉味〕

及第粥餛飩麵

樂　志

粵風

記者曩日甲門有寶記店沽粥麵餛飩。營業雖小。著名於左右鄰里。車馬入焉。於此盒信。該店早晨起魚生及第粥。以及粥粥每大獲起馬銅錢十二枚。魚生及第粥銅錢三十六枚。「當日穀子種百分兩之二」午沽炒麵。放湯切麵。其配雞材料。「俗謂雞碼」係用頂肉餡粥餛。餘無他等食品。其配雞鴨魚片等。均不備舍。湯亦係用頂上頭抽豉油。加以新鮮煉豬膏作配。並以鹵豬骨。更無今日所謂之味精。此湯覺可口。炒切麵以鹵豬絲為碼。每賣銅錢一百二十枚。放湯切麵名為搜麵。起碼一十五枚。加餛飩名為芙蓉麵。銅錢二十四枚。最之值每盌三十枚。係芙蓉加昂。「卽多加鹵豬肉絲」粥麵餛飩佳於味目。直可稱為正式平民化也。

從前歸德門內「俗名為老城」馬鞍街富春早粥麵食店。其豬肉粥素為人稱可口。甚至城外人士不憚遙道而求其朵頤。因此之故。座常客滿。其最能吸引食者。保有一伙伴每晨未明面起。專司保粥。正式明火。熬煮得宜。俟粥上市為事單銷遶。寧可有餘剩。斷無加開水以欺顧客者。極員人士信重。非浪得名者可比。惟有一習慣馴者。知者亦鮮。可稱豬肉粥。「此等粥名為街坊粥」堂倌迨粥芙蓉。再看伊取大魚生片一碟。小銅錢八枚。」粥與魚生合計迫堂倌迨粥至座。又特別廣告。以入廛後。則答云食銅錢二十枚之碎豬肉粥。謂加重材料僅侍鄉里所設。「魚生片有大小碟之分。大碟銅錢一十六枚。

鋍鱽謂也。

餛飩粵垣有兩派。城隍廟外江扁食。不及蛋打薄皮。以入口軟滑易化為勝。其非北派之茶麵點心店。曩曩日餛飩麵擔過名者。若胡變記。光記。皆以用蛋肥厚皮面略帶韌性馳名。各從前好。皆以往時廣孝寺廊有祇園餛飩麵切鍋者。「記者久已未游諗寺有魚生片。或豬肝豬腰芙蓉蛋等。其名可稱為及第餛飩。有劉伶之獅子。多數實雜油牲餛。炸餛飩則以薄及為佳。故游廣孝寺。實無有消遣之處。其注重者餛飩面已。

滑豬肉湯麵。本屬極普通之品。記者自得實馬鞍街秀鼍居所製者後。他處與及長堤各茶點麵食店。求精能與其並駕者。竟如蟬毛鱗角。虛應事故而已。皮薄肉滑湯微片。用精豬肉切為極薄片。以竹筍竿草菜先煮湯。後加薄片肉全煮。以值熟豬片切為燈籠形。卽將此等原料為麵湯。其味最得不可口。且取價亦廉。每盌小洋宇毫。今日在麵食店求之。大約小洋二毫亦難得此佳味。雖屬生活程度高所致。想亦味為鮮焉。

切麵餛飩湯水在考究者。今日何注重以頂上頭抽豉油。加新鮮煉豬膏。不摻集豬骨等為佳味。老法不變。味精更不肯用。攙云湯以清而有味為上。若摻集他物。雖濃厚而失真。非用作切麵及餛飩湯云云。

銅錢三十六枚。實勝食銅錢三十六枚之及第粥。緣及第粥祇多豬肝或豬腰數片。而魚生已減用小碟。且豬肉接起一團。不及碎豬之豐富。此等無形招徠。似更勝近日沽香芥之加送贈品。惟近時長堤早粥等店。與富春相較。想自嘆以下亦不敢稱謂也。

乐志《及第粥馄饨面》,《粤风》1936年第2卷第4期制作秘方。抽丝剥茧，之所以要挑担沿街叫卖，第一，是因为这样可以"即制即煮即食"，确保其鲜；第二，在于制面，面要加鸡蛋、花生油，尤其是要加枧水。第三，是表里兼顾的十二分"虾肉"，即不仅馅要虾肉，面皮也要添加虾卵，这已非同凡响。第四，是熬汤，要用泉水煲蛤蚧蛇加猪骨、虾壳干。这样的汤，是奶白色的，而当面或馄饨撒入时，瞬时即变成金黄色，妙不可言，美不可言。①

因为广东云吞或馄饨的秘辛之味，南京的粤人小摊担还开成了馄饨面大王，而主厨者竟然号称是汪精卫的家厨，亦一奇也："他开设在中山东路新都戏曲隔壁的弄堂里，在人行道上往弄堂里一望，便可以看见他的担子。他虽牌子是挂的馄饨面大王，其实一般小吃的菜，都有得卖的，味道也十足地道的广东味。听说他那里那位厨房，过去还是汪精卫的厨司呢！他既是标着馄饨大王，值得介绍的当然是馄饨面，三千五百元一碗的馄饨完全是鸡汤，其味无穷。"②

---

① 何志毅主编《（珠海市）唐家湾镇志》，岭南美术出版社2006年版，第263页。
② 老兄《弄堂里的粤式小吃》，《社会日报》1947年9月25日第2版。

在上海，各大菜系的兴起递邅之中，

传统文化人尤其是逊清遗民大有功于川菜与闽菜；

新式的海派文艺名家，

则大有功于粤菜，傅彦长堪称典型。

美食与文艺皆不可辜负
——傅彦长与上海粤菜馆

　　近年来，笔者根据大量的新发现文献，一再指出"食在广州"的得名，与晚清民国作为文化和传播中心的上海的文化人和媒体的喜欢与鼓吹大有关系，并渐渐得到学者、读者及饮食业界的认可。如果从中找出一个典型文化人来，并对其与粤菜馆的关系进行深入考察，也许饶有兴味。傅彦长（1891-1961）正是恰当人选。从某种意义上说，傅彦长先生上粤菜馆的历史，既是一部上海粤菜馆的微型发展史，也是一部上海文艺界的小型活动史。

　　傅彦长，原名傅硕家，又名傅硕介，字彦长。原籍江苏武进，生于湖南宁乡，毕业于上海南洋公学，早年任教于上海专科师范学

朱应鹏《傅彦长画像》,《星期文艺》1931年第6期

校、上海务本女校等。1917年留学日本,1920年留学美国。他留学美国及以前的情形,曾以包罗多的笔名刊文自述过:

> 我——十五岁,以将来的哲学家自命,二十岁,在学习电气工程,二十二岁,做音乐教师,二十七岁,做国文先生,二十九岁,做英文教员,又做诗人。

就在这一年,我到了以新大陆为名称的美国。

……

我的朋友都是些失业的水手们。我经常到他们那里去吃饭。

其中的一位,找到了一个洗碗盏的职业。我也是这样的工作着。但是,我到底是一位膏粱子弟,我的手是比众不同的洁白,正好像一个陈设在花厅上的磁器,康熙时代的精制品,可以赏玩而不可以应用的。所以在第一天就把我的手洗破了好几处,以后虽然是结好了几个疤,可是到底没有恢复到本来的美丽状态。①

---

① 包罗多《从零度出发》,《邮声》1930年第4卷第4期。

这篇自述好几处间接提到他与粤菜和粤菜馆的渊源了。他在美国半工半读地游学（他到美日都不追求文凭，不正式上课，因此谓之游学更佳），在古玩铺里当伙计，到水手处吃饭，再到中餐馆里洗盘子——都是在广东人的地头上活动，他当然也只能跟着吃广东菜，甚至还能吃到地道的广东菜。当然，他与粤菜馆的渊源更早："二十二岁以后的几年，我在一个女学校里教书。我一肚皮装满着板了面孔的见解……有时候，我们也不在家中吃饭，那末，总是二三人的局面，地点在四马路广东馆子的某一家，吃的总是一碗不甚昂贵的蛋炒饭。"[1]那时候才1913年，粤菜馆还基本处于靠宵夜和番菜奋力开拓的初期，在市场上还没有怎么获得口碑；《申报》1922年至1924年登载的"菜馆一览"[2]，除京菜、闽菜、川菜单列外，其他均混列于"各帮"及"西菜"之中，从中即可见一斑。而这个时候傅先生就天天去广东馆子，那敢情是真爱。

1923年回国后（从他1930年2月2日的日记，可知他1923年回国的具体日期是2月2日："到新雅，遇戴望舒、钱君匋、梁得所、赵景深……七年前今日，乃予自美国旧金山，乘船经日本，回到上

---

[1] 傅彦长《谈谈夏天生活》,《时代》1934年第6卷第6期。
[2] 如《申报》1922年11月18日第18版"菜馆一览"。

海，登陆之日子也。"既已东留日本西留美国，才真学实，可以在上海大展拳脚了——在上海艺术大学、中华艺术学校、中国公学、同济大学等校教授艺术理论和西方艺术史，并任上海音乐会会长；既是教授，也是20世纪二三十年代知名的自由派作家，著有《艺术三家言》《十六年之杂碎》《阿姊》《西洋史ABC》《东洋史ABC》等，与创造社、南国社、新月社、狮吼社都关系密切，还是知名的出版人和传媒人，曾参与创办卿云图书公司，主编《雅典月刊》《艺术界周刊》《音乐界》等。[①]这时，他与粤菜馆的美好时代，也即"孵"粤菜馆的时代，才真正开始。只可惜，他1927年以前的日记已经佚失，无由知道他的热爱程度及其具体过程，不过1927年至1933年之间的日记所存尚多，可窥典则，粤菜馆的发展及其盛况，以及当时上海文艺界的活动盛况。

一、1927：茶室初兴　粤菜可观

据张伟先生统计，1927年傅彦长共上酒菜馆62家222次，其中粤菜馆9家39次，粤南酒楼以23次居首，其余如大东酒楼4次，东亚饭店、东亚食堂、味雅酒楼、安乐园酒楼、福禄寿各2次，会元

----

① 参见张伟《一个民国文人的人际交往与生活消费：傅彦长其人及遗存日记》，《现代中文学刊》2015年第1期。

楼、杏花楼各1次。^①此外，11月4日"到大中吃蚝油牛肉饭一盅，计大洋四角，找进铜元三个"，这大中酒楼，也是粤菜馆，曾联手大三元酒家和陶陶酒家以三大"广菜"酒家的名义大做广告。^②他在那儿吃的"蚝油牛肉"，也终民国之世都是上海粤菜馆的经典菜式。^③牛肉在粤菜中被称为"太牢"食品，从传统祭祀中得名，当然也显示出其地位；许多粤菜馆就以太牢食品为号召，比如著名的大同酒家开业时，就说"由广东聘到高等厨师，烹调太牢食品"。^④我曾写过一篇《广东牛肉甲天下》的专栏文章，具道广东牛肉烹饪之美，收在《民国味道》^⑤一书中，可以参看。

傅彦长先生本年度上了两次的味雅酒楼也以炒牛肉著称：

味雅开办的时候，仅有一幢房屋，现在已扩充到四间门面了，据闻每年获利甚丰，除去开支外，尚盈余三四千元，实为宵夜馆从来所未有……他的食品，诚属首屈一指……炒牛肉一味，更属脍炙

---

① 参见张伟《一个民国文人的人际交往与生活消费：傅彦长其人及遗存日记》，《现代中文学刊》2015年第1期。

② 《三大酒家高等广菜》，《申报》1930年2月6日第13版。

③ 使者《上海的吃》之四，《人生旬刊》1935年第1卷第6期。

④ 《广东大同酒家十月十三日正式开幕》，《申报》1930年10月12日第4版。

⑤ 周松芳《广东牛肉甲天下》，载《民国味道》，南方日报出版社2012年版，第82-83页。

大展摄《大东茶室三女侍者在改良商业展览会中时装表演》,《小姐》1937
年第9期

人口。同是一样牛肉,乃有十数种烹制,如结汁呀,蚝油呀,奶油
呀,虾酱呀,茄汁呀,一时也说不尽,且莫不鲜嫩味美,细细咀
嚼,香生舌本,迥非他家所能望其肩背,可谓百食不厌……有一回
我和一位友人,单是牛肉一味,足足吃了九盆,越吃越爱,始终不
嫌其乏味。[1]

---

[1] 少洲《沪上广东馆之比较》,《红杂志》1922年第41期。

另有《申报》文章《上海菜馆之鳞爪》也说："味雅一类菜馆，标名太牢食品馆，其地位介于大酒楼与宵夜馆之间，以售牛肉得名。蚝油牛肉味最美，价亦不贵。"该文同时还说："广东菜馆以北四川路之会元楼、粤商酒楼（即前翠乐居）及先施、永安附设之东亚、大东等酒楼之馆址最大，喜庆丧吊等宴客，假座者颇多。杏花楼为上海最老之粤菜馆，生意亦历久不衰。"①这几家，除粤商酒楼外，傅彦长都有去。大东酒楼隶属于四大百货之首的永安公司，自是气派不凡，从其早在1919年就可承接400余人的大型高档宴会即可见出："昨晚保丸水火保险公司宴客于大东酒楼，来宾四百余人，属政绅商各界领袖、总领事暨各银行大班亦先后莅止。经该行董事麦地君报告：公司资本殷实，信用卓著；次为来宾演说，继以颂词，宾主尽欢，至十时始散。"②曹聚仁先生也回忆说："我们常去的是大东酒楼，广东点心和广东菜式，和新雅差不多。我记得上大东酒楼有如上香港龙凤茶楼，热闹得使人头痛。"③附设于四大百货公司中成立最早的先施公司的东亚酒楼，肯定也是不同凡响，不必赘述。

---

① 熊《上海菜馆之鳞爪》，《申报》1924年12月21日第20版。

② 《保太水火保险公司之宴会》，《申报》1919年2月27日第11版。

③ 曹聚仁《新雅·大三元》，载《上海春秋》上海人民出版社1996年版，第237页。

不过像大东这种热闹的大酒楼，倒未必是傅彦长的心头好，真正的心头好，茶室才是；茶室既方便聊天聚会，价格也不会很贵。新兴的茶室不同于传统的茶楼，传统的茶楼也还是太闹，不仅规模相对大些，食品也都是做好了捧出来或由小车仔（小推车）推出来任顾客挑选，没有那么新鲜美味。后起的茶室则相对清静，茶点都是现点现做，味道好很多，环境也好很多。他上粤南酒楼独多，应当正是其以茶点著称："点心以粤省为最考究，虹口鸿庆坊（旧宜乐里）粤南酒楼主人去年回粤特雇名厨来沪，精制点心无美不臻，开幕以来其门如市，生意之隆可预卜也。"[①]而且属新开，如其开业广告称："北四川路武昌路口粤南酒楼，为粤中巨贾出资创办，于昨日正式开张。特聘广东著名厨师、精制各种菜点。该楼布置甚形雅洁，座位亦复宽敞，特备各式点心：甜点如凤凰鸡旦（蛋）挞、玉叶金腿旦（蛋）糕、鲜奶露凉糕、桂花莲蓉条，咸点如蟹肉百花酥、脆皮烧腰饼等，均颇鲜美可口。至于定价，并甚低廉云。"[②]

粤南酒楼和傅彦长去过且后来越去越多的安乐园酒楼，均自其开业之日起就标榜茶点；从1926年8月至1932年1月几乎每日必在《申报》第19版固定投放"星期美点"的广告，统计下来无虑数百

---

① 《粤南酒楼名点》，《申报》1925年3月20日第17版。
② 《粤南酒楼昨日正式开幕》，《申报》1926年6月9日第14版。

种，真是极粤点之大观。而其价格也能五六年维持不变，更是令人叹为观止。傅彦长被吸引也就自在情理之中。更关键的或是安乐园一开始就辟有茶室："虹口东武昌路新建三层楼洋房之安乐园菜馆，系香港素业此者所办，铺面宏伟，专售广东出产食品。二楼为茶室，每逢星期日更换特式点心。三楼为厅房，陈设雅洁，各种家私及装修等完全广东式样，由先施公司工厂接造。至厨司侍者亦由广东聘来，兹开幕之期约在七月底云。"①并且声称他是上海真正广东茶室的开创者："旅沪粤人鉴于申地无真正之广东茶室酒楼，由陈秋君亲自返粤聘请名手多人来沪创设安乐园酒家……"②

无论东亚、大东，还是后起的安乐园，他们既能供应便宜实惠的优质茶点，也能供应昂贵的鲍参翅肚，如明弘《尊前琐述》所说："粤馆以海上粤侨最夥，故庖丁亦多自粤罗致而来，昂者月薪或七八十元也。粤以治鱼翅、鲍鱼名，每篓或至五十金，东亚、大东以至新立之安乐园，均其特制。"③如此丰俭由人，达官贵人和街里街坊兼顾，正是粤菜馆的悠久传统，大概也只有粤菜馆做得到并愿意做，至今依然；广州的广州酒家自1935年开业迄今，这一传统未曾稍废。

---

① 《粤菜馆又将增一处》，《申报》1924年7月28日第19版。
② 《安乐园酒家开幕在迩》，《申报》1924年10月25日第15版。
③ 明弘《尊前琐述》，《申报》1924年12月21日第19版。

至于资格最老且生意颇隆的杏花楼，资格有多老呢？不妨简单追溯一下。首先，它1883年就正式得名了。"启者：生昌号向在虹口开设番菜，历经多年，远近驰名。现迁四马路，改名杏花楼，择于九月初四日（10月4日）开张。精制西式各款大菜，送礼茶食，各色名点，荷蒙仕商惠顾，诚恐未及周知，用登申报。杏花楼启。"① 而其正式开业，则更在10年之前了："启者：本号常有送礼蜜饯、干湿糖果、苏制仁面、苏制桃片、奇味甘草仁面、甘草香杬发客，诸尊赐顾，至四马路文运里口生昌号便是。四月廿八日。生昌隆谨启。"② 那时，《申报》也才刚创刊一年。

附带说一下前述的著名粤商酒楼，据《申报》1920年6月4日第10版广告《新开粤商酒楼开幕之露布》，可知其开业时间为4月20日，渊源系于翠乐居："本酒楼在美界北四川路，朝东开设，系承旧日翠乐居遗址，改名粤商酒楼。"而开业后的营业气派及领袖群伦的地位，则可于1923年的一次欢迎会见出："旅沪粤人自闻讨贼军已入广州城、陈炯明逃遁消息传来后，群情欢忭。昨日午后工商两界人士联合数百人，乘坐汽车四十余辆，遍插'为粤除害''统一先声''三民主义''五权宪法''公理战胜'等旗帜游行

---

① 《杏花楼启》，《申报》1883年9月28日第4版。
② 《新开》，《申报》1873年5月29日第6版。

上海杏花楼粤菜馆

市街，并到莫利爱路孙中山住宅向孙中山致敬，当由中山亲出接

见，慰勉有加。晚间复在北四川路会元酒楼及粤商酒楼装灯结彩，

张宴痛饮。"①

其实翠乐居能坚持到粤商酒楼顶盘，也是够本的了。早在1897

年即有他们的广告，虽然不是关于酒楼经营的："启者：翠乐居号

钟杰一股、何远二股，钟、何共生意三股，自愿退股，其银当日交

足，立回退约为据，嗣后生意盈亏，与钟杰、何远无涉，日后来往

———————————

① 《旅沪粤工商界之游行会》，《申报》1923年1月20日第13版。

银两货项经手是问。特此声明。"①它的扩业新张声明也印证了其创设更在此前："本楼开设历二十余年矣，美酒佳肴脍炙人口，久已远近驰名。今房屋翻造一新，座位宽畅，空气合宜，一切器具陈设精致，准于旧历十二月初十日开张，专包大汉筵席，并备随意小酌、宵夜等肴，中西茶点，无美不备……"②

　　至于东亚食堂是否粤菜馆，倒要认真考察一番，因为鲁迅先生自1927年10月3日从广州回到上海，初期简直是以东亚食堂为饭堂——虽然终其在上海的近九年余生之中，上餐馆的总次数并不多，从其日记中总共只录得119次，还不如傅彦长一年之多，甚至不如傅后来一年之中上新雅粤菜馆一家的次数之多，但东亚食堂却去了30次，占1/4强。据秦瘦鸥先生回忆，东亚食堂是位于上海虹口区北四川路丰乐里弄口的一家中型的餐厅，坐西朝东，正对狄思威路，并说"有些像是日本人开的，也带些教会色彩。餐厅内部布置精雅，清洁大方，门窗墙壁，一律漆成白色，与一般酒馆大不相同"。但又说"老板与老板娘都很斯文，戴着眼镜，有些知识分子的味道"，显然非日本人嘛。③而其"布置精雅，清洁大方"，倒颇

---

① 《退股声明》，《申报》1897年10月31日第6版。
② 《虹口北四川路翠乐居酒楼广告》，《申报》1915年1月22日第1版。
③ 秦瘦鸥《鲁迅与东亚食堂》，载《晚霞集》，海霞文艺出版社1985版，第73页。

有些广东餐馆的风格。再则，如非广东餐馆，怕来自广州的新妻子许广平也受不了吧。但材料暂时不充分，也没法定论。

此外，去过两次的福禄寿，可能不算严格意义上的酒楼，但它是著名的点心店，后来傅彦长也常去，关键是它不仅名列上海中央书店1934年5月印行的《游沪指南：上海顾问》第九章《到上海来……饮食》的"上海著名广潮汕点心店"榜单，而且还和冠生园、大三元、上海茶室、憩虹庐、秀色、粤南楼、新雅以及陶陶、惠通等同榜，则不能不提了。

二、1929：粤菜尝新　新雅当令

从傅彦长1927年的日记只录得他上9家粤菜馆39次的记录，真是算不得什么，也可以说太少了，称不上什么代表性。但从其留存的1929年的日记看，就大为可观，数倍于前了——全年上粤菜馆10家139次，其中单新雅一家即达104次，其中有一天两去的。新雅之外，冠生园酒家14次，秀色酒家7次，南园酒家、醉天酒家各3次，杏花楼酒楼、上海茶室、福禄寿各2次，金陵酒家、大东楼酒楼、味雅酒楼和不具名的粤菜馆各1次，初步可以称得上粤菜馆特别是新雅粤菜馆的代言人了。而从其高朋满座、俊彦云集的盛况，也可以看出粤菜馆之受文人墨客的追捧，不妨从日记中摘示一二，以资说明：

新雅粤菜馆外观

2月2日　午后二时，到新雅，同座者周大融、邵洵美。

2月3日　午前十时半到新雅，午后三时半又到新雅。遇周勤豪、徐霞村、张春炎、春子、宫部、羽场、张若谷、梁得所、戴望舒、卢梦殊，等等。新雅于明日打烊过年，故所吃晚餐为店中最后之一顿。

2月24日　自家步行至城隍庙，出城到爱多亚路，乘两路公共汽车，到新雅，遇戴望舒、赵梅伯、周大融、谭抒真、张若谷、梁得所、卢梦殊、汪倜然、高长虹、邵洵美、曾虚白、毛东生（主席）、韦月侣。

2月28日　午后两时半到新雅，遇周勤豪、刘呐鸥、盛亮夫、杜衡、戴望舒、徐霞村。

3月3日　到新雅，遇邵洵美、徐蔚南、震遐、韦月侣、鲁少飞、张若谷、谭抒真、赵梅伯、周大融、卢宪犟、方于、仲子通、潘伯英、李丹、张半痕、梁得所，讨论音乐会组织事。

6月16日　到新雅，遇叶秋原、戴望舒、徐，连予共四人。

7月3日　中午在新雅用茶……傍晚又到新雅，同座者周大融、谭抒真、叶秋原。

7月14日　午前十一时到新雅，坐至午后四时半。

7月21日　午前九时余到新雅，午餐在新雅吃，背十字架者①邵洵美，在座者共有十一人（小孩一个加在内，则又十二人矣）。

8月20日　午后至家外出，同行者谭抒真，到新雅，自两时坐至七时半，同坐者尚有叶秋原。

8月23日　到新雅，追踪而来者缪天瑞、李青崖、冼星海、周大融。

9月8日　到新雅。遇谢寿康、陈登恪。

9月15日　午时，予独自一人到新雅，遇徐蔚南、叶秋原、周

---

① 此处应是指请客埋单之人。

新雅粤菜馆内景

大融、毛东生、韦月侣、谭抒真，公决此为日曜茶话会之末一次，以后不再举行矣。毛背十字架。

9月22日　到新雅，与冼星海坐一桌。

9月26日　在新雅，遇卢梦殊、田汉、郑伯奇、张资平、郁达夫、新居格、内山完造，等等。

12月22日　在新雅午餐，遇郑振铎……晚餐在新雅吃，遇朱微（维）基、林微音等等，以后戴望舒加入。[①]

---

① 张伟整理《傅彦长日记》，《现代中文学刊》2015年第4、6期，2016年第1期。

　　我们要问的是，为什么突然去新雅茶室这么多次？新雅茶室什么来头？新雅是新开的，而且新开时，也像其他许多粤菜馆如老牌的杏花楼、新起的安乐园等一样，首先是食什店，同时附带供应茶点酒菜："北四川路虬江路口新雅商店定于夏历八月十六正式开市，该店铺位极佳，计有三层门市为杂货部，凡关于山珍海味罐头食物之类应有尽有。二楼为普通室，三楼为特别间，陈设椅位，精洁异常。桌为小圆玻璃台面，茶碟茶壶多为国产名磁，巧小玲珑，清洁可爱，四壁装置，深具美术。闻该店日间售茶，晚上售酒菜，制点烹饪，均聘专司。其小节中之特别者，如手巾用煤气炉蒸，以重卫生。茶役添茶水不用茶壶，特制茶船。"[1]其初开业时傅彦长未能及时光顾，大约以其"商店"打头、专营茶点之故吧。

　　等到1929年，新雅就完全向新兴的茶室转型，也绝不再以"新雅商店"相招徕了："本茶室精制粤菜茶点，久已脍炙人口。本主人向抱精致雅洁主义，非特口味美备，尤讲究清洁卫生，至若室内座位极其雅致，侍应非常周到，三五知己，啜茗话旧，正可高谈终日，留连不去，故高尚人士，咸肯莅止会集。今本室鉴于雅洁之座少，惟恐不足以张盛筵，又以生意发达，特在间壁添辟宽大雅座数间，以待主顾。日内正事装修，及冬令暖炉、陈设等事，一二日内

---

① 《新雅商店明日开市》，《申报》1927年9月10日第17版

即将开幕矣云云。"①

新雅茶室适合文人聚会，不是自吹，确系坊间共识："讲到中国的，还是到中国的茶室去好……最好的却要算北四川路的新雅。那里的侍者差不多都有过一些训练。他们侍候得客人刚好，去的人又整齐，因为喜欢高谈阔论的人并不到那里去，他们去的地方是城隍庙的春风得意楼。所谓整齐，就是不高声大闹的意思……到那里去的人可以说都是懂得吃茶趣味的。"②雅静的"整齐"，正是现代茶室与传统茶楼或茶馆的一大区别。另一位顾客也专门撰文，对新雅的这种现代气息以及开至凌晨一点的时代气息大表推崇，并特别举了它的擦手毛巾为例："这是一块手帕式之小毛巾，放在长方形瓷器盆内的，和先施乐园里女堂倌手中的毛巾，完全不同……这种毛巾，每次用后即浸入清水中，过夜晒干，放在特制蒸炉中蒸干，然后递给客人用，每条毛巾，只经一人拭用，所以非常清洁。"③如此，宜傅彦长"孵"在新雅了。

新雅茶室营业发达，1932年在南京路开设分店，生意更好，1937年干脆把总店并入，全力经营，成为最负盛名的粤菜馆，以至"上海的外侨最晓得'新雅'，他们认为'新雅'的粤菜是国菜，而

① 《新雅茶室添辟新屋》，《申报》1929年12月13日第27版。
② 言言《茶与咖啡》，《十日谈》1933年第4期。
③ 兰丝《初次到新雅茶室》，《中国摄影学会画报》1928年第3卷第134期。

不知道本帮菜才是地道的上海馆"。①

本年之中，新雅茶室之外，傅彦长还去过上海茶室各两次，那也是粤人所开："粤名票刘孟渊君等，近与其友人在北四川路五十四号爱普庐影戏院对过创办上海茶室，内容布置完全仿照西式，座位舒畅，专请广东著名庖厨精制各式茶点，并另聘女子招待。现已布置就绪，定于本月三十日柬招各界参观正式营业。"②开业一年以后，还搞过一次周年抽奖活动："谨启者：本茶室创自去冬，特聘粤东名厨烹调广式时菜，著名技师巧制各色美点，茶则精选龙团凤饼、雀舌蝉翼，红绿均备。妙龄侍女，招待尤为周到。开幕以来，蒙各界源源惠临，座客常满，叨领隆情，曷胜欣感。兹届一周（年）纪念，爰定抽彩办法，藉答各界人仕赐顾之雅意。"③

本年度新录得的傅彦长履席过的冠生园酒家、秀色酒家、南园酒家、金陵酒家及醉天酒家均大有可述。特别是冠生园，由佛山人冼冠生创办于1918年，餐厅饮食与食品工业并重，后来成为全国首屈一指的食品企业，为冼冠生赢得食品大王的美誉；餐厅也无不是各地的标杆，特别是在抗战后内地的武汉、重庆、昆明、贵阳等，

---

① 舒湮《吃的废话》，《论语》半月刊1947年第132期。
② 《上海茶室定期开幕》，《申报》1928年12月28日第15版。
③ 《北四川路爱普庐对面上海茶室一周年纪念大赠品》，《申报》1929年12月23日第21版。

冠生园粤菜馆

更是煊赫一时，蒋总裁都时时眷顾。我曾撰《民国食品大王冼冠生》
的专文刊于《同舟共进》2018年第1期，此处不赘。特别要指出的
是它的点心很好，故曹聚仁在离开上海到香港之后，还不禁回首道：
"近十多年来，上冠生园吃点心，也还是上海市民的小享受呢。"①

　　秀色酒家则是一家位于北四川路老靶子路口的新开粤菜馆：
据《申报·秀色酒家开幕》广告可知其1929年6月10日始开业，标
称"特选的岩茶旨酒，名贵的粤式嘉肴，精致的星期美点，富丽
的舒适座位"。名茶美点，对傅彦长足资诱惑，故开业不久即频频
光顾：

----

① 曹聚仁《上海春秋》，上海人民出版社1996年版，第237页。

冠生园粤菜馆

7月8日　　午后四时前在秀色酒家用茶点，季小波请。

7月10日　　访张若谷，请往秀色酒家用午茶。

7月10日　　访张若谷，请往秀色酒家用午茶。

7月19日　　午茶在秀色酒家吃，同坐者周大融、叶秋原。

……

本年去了三次的南园酒家也属于新开的粤菜馆："四马路平望街口南园酒家，系由粤人创设，专办广东酒菜，特聘名厨搜罗粤郡土产，地位宽广，配饰美丽，空气充足，极宜卫生。现已装修工竣，闻价格收取小洋，定阴历本月十一日，特备茶点，欢迎各界参观，十二日正式开始营业云。"①而据律师声明，南园酒家乃承顶而来：

　　兹据敝当事人南园酒家声称：现在上海英租界福州路门牌第二七六至二七七号与原日华章及大吉祥铺位，承顶开张酒菜生意，所有受盘退盘手续，均经交易清楚，并声明：日后华章及大吉祥如有发生其他辖辖等情，均由退盘人华章及大吉祥等自行理妥，与受盘人南园酒家无涉，双方立约存据，特委代表登报通告等情，兹特代表通告，俾众周知，此布。②

　　从以上通告的标题可以看出，南园酒家与著名的大三元酒家属同一老板，也可以说是由大三元酒家在租界内承顶别人的商铺而开张。关键是它称得上第一家在租界内开业的粤菜馆，在粤菜馆发展史上具有里程碑的意义：

　　想不到三四年后，广州菜馆的努力，竟会蔓延到了租界中心

---

① 《南园酒家开始营业》，《申报》1928年9月23日（农历八月初十）第26版。

② 《何庆云律师代表福州路南园酒家（即大三元）受盘通告》，《申报》1928年8月3日第3版。

冠生园农场

区。我仿佛记得，第一家开幕的，是四马路的南园酒家。不久味雅
也在古路附近设了分店。再次，梅园开设在神州底下，和南园对
峙。接着南京路冠生园、大中、惠通、大三元，爱多亚路的羊城、
金陵，三马路的清一色，大批开幕了。直至最近，还有不少陆续在
装潢开幕。这样不断的发现，使粤菜在上海占着极大的势力，而形
成了一个托拉斯的大集团，其余的各帮菜馆，受那集团的破坏，已
无挣扎的余地，只有呻吟喘息，暗自浩叹的份儿。

以南园酒家为代表的粤菜馆是如何造就这种碾压式优势的呢？

广东人好像已洞察上海人贪便宜的特性，所以在器具洁净以外，又陈设富丽的许多长处以外，又设备一种便宜经济的菜肴，来吸引顾客：两毫钱的一客蚝油牛肉，三毫钱的一盆炸子鸡。在这便宜的定价之下，已不知轰动了几多沪上仕女，尤其是平日自恃便宜实惠的徽甬、本各帮小饭馆，无论你咸菜小黄鱼汤卷炒头尾，低廉到如何程度，总不及蚝油牛肉来得便宜。①

价廉物美，当然所向披靡。而且这并非一家之言，乃是坊间共识：

后来四马路神州旅馆对门的南园酒家开幕，生涯之盛，为沪上酒菜馆所仅有。因之继起者接踵，如南园对面的梅园酒家，四马路的味雅分店，美丽川菜馆旧址的清一色酒家，和大世界对门的金陵酒家等，不下七八家，又后起之南京路新雅，堪称粤菜馆之冠，内部之装潢，布置，侍者招待，悉仿欧化，洗碗用机器者当推独家，虽大马路惟我独尊之大三元亦见损色。然而彼等生涯却仍鼎盛异常，推原其故，就为了他们装潢布置，十分富丽，而饭菜售价却一律小洋，较京菜和川菜要便宜不少……还有许多点菜，确实便宜，像一盆蚝油牛肉，只消两三毛钱，草菇蒸鸡，也只四五毫小洋，试

---

① 寂寂《广州菜底权威：蚝油牛肉打倒小黄鱼》，《社会日报》1932年8月31日第1版。

问在别家上等馆子里，那里吃得到，所以作者的管见，平常三朋四
友，去小酌，还是到广帮菜馆，点上几样便宜的菜，较为合算。①

　　本年只去了一次的金陵酒家，可不是苏菜馆，而是在粤港沪都
甚有名的地道粤菜馆，开业于1929年冬，号称"粤菜大王"："粤菜
大王广东金陵酒家，装修工竣，择吉开张。在爱多亚路西新桥街口
大世界东首办事处四马路南园酒家。"②正式开幕日期为11月21日，
开业广告备述其美："粤菜大王一时无两。十一月廿一日正式开幕。
本酒家筹备三月，刻已完全竣事，装修之美，独冠全沪。地点在爱
多亚路西新桥转角大世界东首，交通极便。内有紫罗兰厅等精室
二十余间，舒适无比。家具全用红木柚木，足壮观瞻。银器牙箸，
无不具备。大宴小吃，各极其宜。特以重金聘请粤中名厨，洁治佳
肴。所有太牢食品、龙凤相会，以及种种美味时菜，中西名酒，皆
能令人百试不厌。取价特别从廉，一律以小洋计算，价廉物美。名
实相副，谓为粤菜大王，谁曰不宜。"③

　　金陵酒家新张的新闻界招待会也排场不凡："爱多亚路大世界
游戏场左近，新开'金陵酒家'粤菜馆，昨日由周瘦鹃邀宴新闻

①　使者《上海的吃》之四，《人生旬刊》1935年1卷6期。

②　《粤菜大王广东金陵酒家》，《申报》1929年10月13日第4版。

③　《金陵酒家开幕通告》，《申报》1929年11月19日第1版。

界，到者甚众。"①须知周瘦鹃乃是新闻界、文艺界名流，由他出面张罗新张招待会，可见粤菜馆之善于宣传招徕了。金陵酒家的鸡煲饭，最为人乐道："刘郎于粤菜一道颇有独到处。忆二三年前，常往'金陵''羊城'吃'鸡煲饭'，一元五角之饭，可四五人共食。嗣厨手试，厥以'凤足冬菇'一汤为最上等。'鸡煲饭'虽已无前'金陵'之佳，但环顾今日之上海粤菜店中，盖亦可以称为廖化。"②

　　需要特别注意的是，前述大三元酒家与南园酒家属同一老板，现在新张的金陵酒家也同属一家："四马路南园酒家，及爱多亚路云南路口之金陵酒家，均由冯雪樵君经理。冯君营粤菜业达十余年，经验宏富，对于烹调能舍短取长，以期适口，而两家布置尤能别心裁，各有特长，营业均以小洋计算。连日新到大山瑞、海狗鱼、龙凤会，俱是粤中上品云。"③携此三家，足以傲视上海滩头了。

　　诸家之中，醉天酒家最属新开："北四川路市面日兴，酒肆林立。黄伟材君经营倚红楼，已脍炙人口，更以余力于虬江路口奥地安对面设立醉天酒家，布置之精，烹调之美，尤在倚红楼之上，点心亦别出心裁，花色繁多，且定价甚廉，考究饮食者，大可一试

① 《金陵酒家新张》，《金钢钻》1929年11月21日第3版。

② 刘郎《吃在上海》，《袖珍报》1939年9月15日1版。

③ 《冯雪樵经理两酒家营业发达》，《申报》1929年12月26日第14版。

也。"①而从他们的广告看，醉天酒家与倚红楼酒家同属一家，而倚红楼酒家更是大有渊源，留待傅彦长前往尝鲜的年份再叙。或许因为倚红楼酒家的渊源，在稍后的广告中，醉天酒家才敢口气大开："北四川路奥迪安影戏院对面之醉天酒家，在沪上虹口粤菜馆中，首推巨擘，盖以其注重清洁，殊不多觏……"②

从某种意义上讲，傅彦长屡屡尝新粤菜馆之举，不仅是出于他对粤菜的热爱，粤菜馆在沪上的蓬勃发展也是吸引傅氏的重要原因。

三、1930：新雅不老　小馆频见

由于傅彦长存世日记不多，我们不妨继续对其接下来几年的日记逐年作统计；1930年7月至9月的日记系整理者摘抄发表，恐未能全面反映其饮食生活情况，但仍如前统计分析，不过读者心中有数即是。统计全年上新雅酒家的次数是114次，较1929年更有增加，与席的风流人物，也值得摘要"展示"一番：

1月11日　午后到沪，在新雅中餐，遇朱穰丞、袁牧之、沈端先、郑伯奇、陶晶孙、龚冰庐、邱韵铎，等等。

① 《醉天酒家今日开幕》，《申报》1929年9月30日第15版。
② 《醉天酒家菜点畅销》，《申报》1930年2月23日第16版。

1月19日　午后自邵宅外出，到新雅小坐，同座者邵洵美、周伯涵、谢保康。

2月2日　到新雅，遇戴望舒、钱君匋、梁得所、赵景深，等等。

2月5日　午后到大光明，遇刘呐鸥，请往新雅晚餐，遇戴望舒。又遇徐霞村、邱韵铎。

4月10日　傍晚至申，遇蒋光赤，同往新雅小坐。以后又遇王铁华、金宽生、陈秋草、方雪鸪。

8月15日　访叶秋原、戴克崇，以后同到新雅，自午时坐至午后四时半，午后遇到陈望道、谢达夫、刘呐鸥等。

10月19日　午后两时余自家外出，在新雅吃茶用点心，到内山书店，遇周树人。

11月2日　晨，叶秋原来（付洋十元），同往新雅，遇王铁华、金宽生、陈南荪、季小波、林微音、蔡芳信、朱维基、周大融。[①]

新雅之外，上其他粤菜馆的频次也有增加，全年计上粤南酒楼7次、冠生园酒家6次，良如腊味店、福禄寿各4次，秀色酒家3次，大三元酒家、老李微居、世界酒家各2次，金陵酒家、醉天酒

---

① 张伟整理《傅彦长日记》，《现代中文学刊》2016年第3-5期，2017年第1、3期。

家、美心酒家、清一色酒家、新新酒楼、大东酒楼、曾满记酒家各1次，累计15家37次，同样超过上一年度。在本年度中，需要特别指出的是，连续去了4次的良如乃是老牌的广式腊味庄：

> 东武昌路良如腊味店，昨日开市。据称，其售出腊鸭背与腊肠等为最多，因其价贱物美之故。又称，本店创办迄今，已二十余年，信诚早脍炙人口，此次重行开幕，因今夏改业饮冰室之故云云。①

老牌固然算得上，创办二十余年则有点夸张；就在不到一年以前，他们还在搞开业十周年纪念："良如腊味庄，新制豉精肠。拾周年纪念，大竞卖十天。本月廿日起，原价七五折。各界来光顾，虹口武昌路。"②又如其开办六周年广告称："诸君食腊味，此时最适宜。良如腊味庄，届逢六周纪。原码收八折，聊答惠顾意。"③依此相推，则开办于1919年左右。因为是老牌，他应该吃的是地道的腊味饭：

---

① 《良如腊味店昨日开幕》，《申报》1929年9月11日第29版。
② 《买腊味，到良如……》，《申报》1928年12月31日第13版。
③ 《买腊味，到良如……》，《申报》1926年1月8日第13版。

11月10日　晚餐在良如腊味庄吃，又到新雅用茶吃点心。

11月11日　午后外出，到巴黎看电影。又到新雅、良如（吃腊鸭、萝卜水等）。

11月13日　傍晚到申，在良如晚餐。

11月15日　午餐在良如吃。遇程碧冰、段可情、朱希圣。

从最后一则日记看，慕名而往的人还不少呢。广式腊味，当年风靡上海滩，至今仍市场广大。而兼营腊味饭等，乃是当年上海广式腊味店的一大特色。还有去了两次的老李微居，去吃及第粥和牛腩粉，那是更地道的广东饮食了，上海的大店还未必提供呢。吃到这个份上，真是对粤菜的真爱，也更是十分难得的饮食史料：

10月13日　晚餐先在老李（合记）微居吃及第粥，后至新雅吃茶点。

10月27日　到老李微居吃牛腩粉乙碗。

除了这两家特色小店外，世界酒家、美心酒楼、清一色酒家、新新酒楼、曾满记酒家、大三元酒家，都是第一次见诸纪载，"新店打卡"特色继续凸显。

世界酒家1930年8月10日才开幕：

　　窃我粤菜一道，以烹调配制之适乎口胃，遂为世所同嗜，尤其沪地人士，几成普要之餐馐。以是粤馆酒家，年来竟纷乘继起，设遍申江。虽其中不乏优厨美室，但类皆消费奢昂，订价征收，未免过高。且原料日贵，求供不易，则配制自欠丰美。故考诸实际，所谓经济精鲜数点，诚属难得。敝酒家有见及此，爰特搜聘粤中优厨美点专家，择定相当店址，从事美艺装修，陈设雅致，认定经济精鲜之目标而经营，与沪人士女以满意之招待，务使快尽一朵颐，藉酬一惠愿之雅意。兹准于国历八月十日（阳历10月5日）正式开幕，尚希联翩莅临，不吝赐教为幸。地位北四川路横浜桥南首东宝兴路口。[1]

不久傅彦长就登门尝新了：

　　12月14日　世界酒家晚餐。
　　12月26日　世界酒家晚餐，缪天瑞同往。

　　清一色酒家也属新开，而且口气甚大，排场也大：

---

① 《世界酒家开幕宣言》，《申报》1930年8月10日第13版。

清一色酒家为四马路专治粤菜后起之第一家，现已装修工竣，非常富丽堂皇，明日宴请报界，由李志中君代邀。[①]

唯一完备最繁华之广州食品商店，一俟工程告竣，即行开幕，先此露布。[②]

本埠三马路浙江路口清一色酒家，布置数月，刻已全部竣工。建筑异常华丽，各种陈设。亦复金碧辉煌。所有菜品，聘请港粤著名厨师烹调，务期尽善尽美。兹定于本月二十五日（即今日）举行开幕典礼，并于是日上午十二时起，柬请本埠军政绅商各界，茶点参观；晚间七时，宴请本埠新闻界诸君。其酒筵定五十元者十桌，一百元者两桌云。[③]

至于新新酒楼就不用多说了，隶属于上海四大百货之一的新新公司，1926年初即已开业。本年傅彦长去新新酒楼也不过是吃喜酒："（6月8日）到新新酒楼，吃卢梦殊之喜酒，遇鲁少飞、刘呐鸥、戴望舒等。"值得多说几句的倒是曾满记，虽然也只去了一次："（11月22日）午前到申，在曾满记、粤南楼就食。"曾满记也

① 《清一色酒家》，《大晶报》1929年8月24日第3版。

② 《清一色酒家》，《申报》1929年3月28日第13版。

③ 《清一色酒家今日开幕宴客》，《申报》1929年8月25日第16版。

以点心著名，早在1925年就跻身上海广帮名店之列：

> 沪上广东食物铺及酒楼为数颇多，一时甚难尽举。兹将所知著名点心店数家略述如下，介绍读者：
>
> 亦乐　在北四川路崇明路中段，咸甜食品均备，其著名者有鸡粥、鱼生粥、叉烧面、肉馄饨等，取价均廉，地方清洁，招待周到，洵推上乘。
>
> 曾满记　在北四川路武昌路东首，该店前系专售甜食佳品，如芝麻糊、洋细米、冻粉、莲子羹、汤圆等，价均不出一角之数，近为推广营业，内辟雅室，添售西餐，亦颇可口，价且低廉。
>
> 桥香　在曾满记右邻，甜咸面食均备，著名者有腊米饭、鸡□饭、鱼生粥、叉烧炒饭、虾肉水饺等，其价均在一角至二角间，惟该店地址较仄，午晚时常有人满之患。①

本年度去了两次的大三元酒家，本来与南园酒家、金陵酒家同属一家，而且开业最早，傅彦长却去得最晚。据《申报》1928年7月28日广告，大三元酒家此后不久即已开业。而其最具广东特色的，可能是营业到深夜两点："南京路大三元酒家，座位轩敞，陈

---

① 《谈广东点心店》，《申报》1925年9月27日第19版。

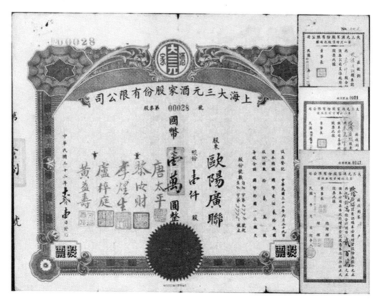

上海大三元酒家股票

设雅洁，菜味可口，因此营业颇为发达。每日上午八时起营业至午夜二时收市，除门售外，闻预定酒席者亦甚夥，二三十元一席者最多，二百元或三百元一席者，亦日有数起云。"①当然，他们二三百元一席大约也可比肩广州四大酒家中的广州大三元酒家或南园酒家。二三百元吃些什么呢？稍后在广告中有所披露："由八十元起至一二百元一席之酒席，每晚必有数席之定位；其菜肴中，有敏（鳖）肚鹩鸪炖熊掌及毫（蚝）油网色片二种，其厨工调味技能，

---

① 《大三元酒家之盛况》，《申报》1929年4月26日第24版。

尤为主顾所赞赏云。"①当然比起广州大三元酒家单一味鱼翅就六十元，已是相形见绌了——"食在广州"声震上海，绝妙粤菜到底还得看广州。

四、1932：新雅再创新高　其他追随新高

接下来，1931年的日记阙如，我们可以梳理1932年的日记，看看傅彦长三五年间的饮食生活有无什么新变。最大的变化就是没有变化中的新变化，也即继续保持高频率上新雅，但再度创出新高，全年去新雅212次，其中一天去两次，或者去大马路新雅与北四川路老新雅各一次的情形甚多。去其他粤菜馆也同样跟着创新高，其中冠生园（包括大马路、西门、棋盘街、西新桥等店）85次，安乐园酒家32次，万国酒家26次，红梅酒家17次，天天酒家8次，憩虹庐茶室6次，福禄寿5次，津津宵夜馆3次，金陵酒家、羊城酒家、南国酒家各2次，东亚酒楼、曾满记酒家、燕华楼酒家、南园酒家、梅园酒家、大三元酒家、大东酒家、名园酒家、保和堂西餐部各1次，累计达20家188次，超过了1930年上新雅的次数，也超过了前面任何一年所上粤菜馆的总家数。夥矣，傅彦长之"孵"在粤菜馆。

---

① 《大三元酒家之营业》，《申报》1929年3月5日第22版。

在这些粤菜馆中，万国酒家、红梅酒家、天天酒家、憩虹庐茶室、羊城酒家、南国酒家、梅园酒家、燕华楼酒家、名园酒家、保和堂西餐部、津津宵夜馆等11家属于第一次见诸傅彦长日记，超过了1927年所上粤菜馆的总数。这其中有的属新开，有的属老牌，但于傅氏而言，均属逐新，均属热爱。

万国酒家妥妥的属当年新开："粤商冯星浦、梁达朝两君在爱多亚路东新桥口，新建洋房，创设万国酒家。厨师新由粤省到沪，不日正式开幕。"①试营业日期则为3月10日："国历二月念五日起先行交易，择吉开幕。早午茶点，酒菜面食。地址爱多亚路东新桥口。"②早午茶点是其特色，颇符傅彦长之需。

红梅酒家承顶自倚虹楼协记西餐社，也属新开："启者：广西路第五百七十九至八十一号倚虹楼协记西菜社铺位，以及店内装修生财家具一切，兹盘顶与红梅酒家……"③正式开张则在1932年1月2日："上海红梅酒家，一月二日开幕。高尚粤菜，中西筵席，广州食品。随意小酌。地点：四马路广西路。"④而倚虹楼协记西餐社则

---

① 《万国酒家将开幕》，《申报》1932年1月26日第12版。

② 《万国酒家定期》，《申报》1932年2月24日第5版。

③ 《范刚律师代表倚虹楼协记红梅酒家盘顶通告》，《申报》1931年10月8日第5版。

④ 《上海红梅酒菜》，《申报》1932年1月1日第13版。

是一年前才承顶自知名的倚红楼粤菜馆："兹据敝当事人倚虹楼协记西菜社之委托，代表受盘广西路汕头路口倚红楼菜馆之店基，生财货物一切计盘价洋一万元，业已如数付讫，今特改为倚红楼协记西菜社继续开张营业……"①

知名的倚红楼粤菜馆（酒家）则由倚虹楼番菜馆发展而来："本埠广西路四马路口倚红酒家，向业西菜，颇着时誉。比以潮流所趋改投时好，不惜巨资，从事扩充，除西菜一部，仍保留改良，精益求精外，特另辟粤菜一部，房舍铺陈，备极精美，定于今日正式开幕。昨晚邀宴新闻界，到廿余人，对该酒家所制之粤菜，备极赞许，直至十时左右。始尽欢而散。"②

再往前溯，则倚红酒家的前身乃是更为著名的倚虹楼："倚虹楼一变而名倚红楼，地址则迁于新利查之对面，十五日正式开幕，十四日招待新闻界，门口迎者至谦和……"③查倚红楼《申报》开业广告，时间与此正合："敬启者：小号已于六月十五日（农历）在广西路四马路汕头路角营业，聘有最优等名厨，尽将食谱翻新，萃英美德法著名之菜式，再为加料烹制，与别家另饶风味。楼上雅座

① 《范刚律师代表倚虹楼协记西菜社受盘倚红楼菜馆通告》，《申报》1930年7月25日第3版。

② 《倚红酒家今日开幕》，《申报》1929年6月26日第15版。

③ 民福《倚虹楼与倚红楼》，《国闻画报》1928年第58期。

可容三百余位，装潢华丽，空气新鲜，四面熏风，凉生肘腋，价廉物美，招呼周到，更不待言。承办喜庆礼堂，筵开不夜飞觞，醉月色白无拘。若召往公馆到会，不论多寡，俱用新式器具，无美不臻。零点小食，一叫即送。务乞绅商巨贾，闺阁名媛，惠然驾临，无任欢迎之至。"①观其广告，确实气派非凡。是故陈定山先生说：自一品香西菜中吃的番菜对了中国人的胃口之后，上海便有了中国大菜。"倚虹楼、大西洋、中央，在四马路会乐里口接踵而起，而成了中国大菜的定型。倚虹楼是继一枝香之后的一家文人聚宴之所：因为它与毕倚虹同名，倚虹欢喜这个名字，便在《晶报》为他宣传。"②

附带说一下敢在报刊广告上自吹是"上海唯一广州菜馆"的洞天酒家——"六月初一日起素菜大王上市，粤菜照常"。③它也是承顶而来："启者：今洞天酒家承顶春宴楼全盘生财，如有春宴楼所受之华洋纠葛，人欠欠人，概与本酒家无涉，特此声明。洞天酒家启。"④开幕广告也比较夸张："三马路大舞台西洞天酒家，筹备以来，数月于兹，业已一切就绪，准于今日开幕。地点适中，座位轩敞，内部装潢布置，备极华丽精雅，延聘著名厨司，研究烹调，务使适口卫生，而定价亦极克己，将来营业发达，可操左券云。"①

我们再说傅彦长本年度八次光临的天天酒家，也是1931年6月5日才开幕："明天开幕，别开生面，巧出心裁的粤菜茶点。北四川路上海大戏院斜对过。"②稍后又广告了其茶点菜品特色："本酒家布置幽雅，招待殷勤，自开幕来，营业鼎盛。所烹菜肴面食，悉极可口，至茶市尤形拥挤，朝夕常告满座，香茗浓郁生风，佳点美味兼擅，个中以'糯米鸡''三民治'等为特色，而'片儿面'一物，更觉创见。盖是样食品，广州各大酒肆茶楼，类多制售，若沪地则堪称仅有，无怪尝试者，佥谓风味别具，以珍馐一例看云云。"③

至于去了六次的憩虹庐茶室，则更有故事，以至于许多年后，唐鲁孙先生还念念不忘，盛称他家的粉果连"广州三大酒家都做不出"，因为这粉果乃有"食在广州，厨出顺德"美称的顺德大良陈三姑所做。当年在上海憩虹庐，大家都是排班入座，等吃粉果。④对陈三姑的粉果，唐鲁孙念兹在兹，在写北京的饮食文章中也反复提及："（泰顺居）近邻东亚楼，门面虽然不十分壮丽，可是北平的

---

① 《洞天酒家今日开幕》，《申报》1929年6月26日第16版。

② 《请试天天酒家》，《申报》1931年6月4日第19版。

③ 《北四川路虬江路南天天酒家宣称》，《申报》1931年6月18日第25版。

④ 唐鲁孙《吃在上海》，载《中国吃》，广西师范大学出版社2004年版，第115—116页。

广东饭馆，只此一家。他家做的粉果特别出名，因为大梁（当为大良，顺德县政府所驻镇）陈三姑有一年趁旅游之便，在东亚楼客串做过粉果，他家的粉果是用铝合的托盘蒸的，每盘六只，澄粉滑润雪白，从外面可以窥见馅的颜色馅松皮薄，食不留滓，只有上海虹口憩虹庐差堪比拟，广州三大酒家都做不出这样的粉果呢！"[1]

上海的粤菜馆多有顶承他人物业而开设，羊城酒家承顶曾经最负盛名的娱乐业和制药业大亨——上海新舞台、大世界游乐场等标志性场所的老板黄楚九的物业，不免令人感慨今昔："广东羊城商家筹备处宣称：昔日黄君楚九所开之麦司凯糖果店生意自封闭后，随由广东人合集粤港澳各大名厨，悉心研究，精美组织，一变而为粤菜酒楼矣。取名羊城酒家，位居大世界东首，将来装修之精雅，菜式之奥妙，诚为全沪粤菜世界之冠。约九月底即行开幕云云。"[2]据《申报》广告，其正式开幕日期为1931年10月10日。他的奥妙菜式是什么呢？稍后也有披露："羊城酒家，四大补品之王。即日应市：龙凤大会、龙虎相会、烩果之狸、炖海狗鱼。"[3]诸如此类，确是广东人心目中的奥妙佳品。

---

① 唐鲁孙《老乡亲·令人怀念的东安市场》，广西师范大学出版社2004年版，第157页。

② 《商场消息》，《申报》1931年8月31日第21版。

③ 《羊城酒家》，《申报》1931年12月5日第17版。

　　其余新履席的南国酒家、梅园酒家、燕华楼酒家、名园酒家、保和堂西餐部等也各有渊源，颇有可观。如梅园酒家，乃上海滩上两大商帮——广帮和宁波帮"联姻"的产物，颇为罕见："甬商毛和源、朱继良，及粤商何觐林等，集资创办梅园酒家，以改良广式菜肴细点为宗旨，地点在福州路平望街口（即神州旅社隔壁），筹划布置，已有数月。现内部装潢布置及器具等，皆已完备，楼下布置，仿效美国最新式之便菜馆。并于窗前筑磁石水池一，内蓄鲜活鱼虾，供客观览，以证该店菜肴之新鲜。并以重金聘请粤省上等厨司，用卫生方法，烹制各种广式菜肴细点。楼上装设精致之房间十余间……"①

　　通过后来的广告，我们还可知道，梅园酒家的实体老板乃是梅园烟公司："福州路梅园酒家，为海上粤菜馆之翘楚，物料之精美，烹制之入味，布置之精雅，招待之周到，皆为各界所称道，是以营业之盛，可屈一指。至梅园烟草公司所出之梅园牌香烟，虽营销不满一载，而舆论之佳，有口皆碑。是烟纯以上等佛及尼亚烟叶制成，色香味俱佳，加之装潢美丽，可作礼品，上等人士皆爱吸之……"②

①《梅园酒家今日开幕》，《申报》1929年2月18日第15版。

②《梅园烟公司新出品之畅销》，《申报》1929年12月20日第16版。

颇有意味的是，当年"食在广州"初兴，号称"广东菜第一"的江太史江孔殷的家宴，也是靠烟草支撑——江氏乃英美烟草公司的广州总代理。

燕华楼则甚见上海粤菜馆的宵夜传统，在《申报》1921年3月5日第1版的《宵夜增价声明》中，燕华楼榜上有名：

窃以宵夜一项，定价极廉，处货价平落之时，已难获利，况值此米珠薪桂，百物奇昂，不特无利可图，实属亏折最巨。为此邀集同行公议，自正月念四日起，宵夜每客一冷盆一热炒售大洋三角，是乃保全血本起见，想惠顾诸君，当亦能曲为体谅也。谨此布告。

共和楼、翠芳居、东江楼、广雅楼、小雅园、广珍楼、长春楼、同乐楼、锦香楼、广济行、竹生居、同发号、醉华楼、广源楼、燕华楼、大新楼、中华楼隆记同启

上海宵夜馆向来是粤人的专营，也是上海粤菜馆的早期形态，我在《宵夜表征的"食在广州"》中曾有详细考述[①]。因此，这十七

---

① 周松芳《宵夜表征的"食在广州"》，载《岭南饕餮》，南方日报出版社2011年版，第112-114页。

家宵馆，我们也不能见外，把他们排除在粤菜馆之外吧，竹生居还是民国食品大王冼冠生最初打工之地呢。前述味雅也是由宵夜馆起家，很多大型著名粤菜馆如大三元以及后来最负盛名的新雅，都以营业到深夜两点相号召，也正是宵夜馆的优良传统。不数年之后，燕华楼就由宵夜馆升格为普通的粤菜馆，日夜兼营，遂称燕华楼日夜粤菜馆。并在转型开业广告中说他们成立于丁未年（1907）年，也真是够老牌了："本楼自丁未年开幕，向在大新街营业，聘请粤郡名厨，包办宵夜全席，自运广东美味腊肠、曹白盐鱼，兼售各种罐头食物，极为完备，看馔精良，货色鲜美，伺应周到，定价低廉，洵海上惟一之粤菜馆也。兹因该处翻造房屋，特行迁移四马路丹桂第一台对面照常营业。地位既极宽畅，房屋布置咸宜，倘蒙联袂而来，谨当竭诚以待，一俟开幕有期，再当登报通告。专此布闻，惟希雅鉴。"[①]

三年之后，燕华楼进一步"升级换代"："四马路神仙世界隔壁燕华楼酒家，开设二十余年，现将内部重行整理，大加刷新，择于二十四日开幕。闻该楼由粤地聘到名厨数人担任烹调，嗜食广式酒菜者当必乐赴该楼一试也。"[②]稍后甚至打出了"唯一广州食品"的

---

① 《燕华楼日夜菜馆迁移择吉开张》，《申报》1924年3月8日第13版。
② 《燕华楼酒家扩张开幕》，《申报》1927年9月18日第19版。

旗号。

津津虽然也只是宵夜馆，但却甚有声名："近年来的广东馆很是发达，因为它的布置菜色，有中菜馆的雏形而具西菜的风味，有数家小规模的宵夜馆兼营西菜，每客的售价只五角左右，经济合味，以法租界公馆马路的广雅楼等为首创，现在小西门的'津津'和东新桥的'小吃吃'更加意改良，极得学界的欢迎。"[1]

傅彦长偶尔一去的新开的名园酒家，其实也非等闲之辈："吃的滋味，名园第一。聘请技师，精制筵席。三等价钱，头等好菜。男女老幼，尽兴乎来。老西门中华路。"[2]生意好，不久即须扩充营业："本园开设以来，荷蒙各界垂顾，荣幸良深。每当灯火之际，顾客云集时，有座满之叹，故本园主人抱惭无已，故特大加扩充，内部增设华丽礼堂，所有一切大小筵席，无不顺从客意。家具之新奇，布置之雅洁，菜品之精良，招待之周到，为华界独一无二之酒家，诸君光顾，盍兴乎来。"[3]而从其停业广告，我们更知道此名园酒家，乃与前述赫赫有名的南园、大三元、金陵酒家同属酒店业巨子冯雪樵经营，其虽然结业，亦不愧名园了："现据本市老西门中

① 《游沪指南：上海顾问》第九章《到上海来……饮食》，上海中央书店1934年5月印行，第214页。
② 《到名园酒家去：国历八月廿六日开幕》，《申报》1932年8月25日第10版。
③ 《名园酒家扩充座位通告》，《申报》1932年8月25日第10版。

华路名园酒家经理冯雪樵君称，该酒家因生意亏蚀，决计结束，委托本律师召盘清理……①

　　至于南国酒家，此时尚名不见经传，只偶尔检得一两条简单的广告，如《申报》1930年8月3日第17版广告称："正式粤菜南国酒家，四马路浙江路西，应时素菜上市。"到20世纪30年代后期特别是40年代进入全盛期后，那真是煊赫一时，因为文献无所征于傅彦长，暂不多述。而同样名不见经传的保和堂西餐部，倒是最有渊源的；它原本是上海广东保和堂药店的附属品，但广东保和堂19世纪80年代就已在申报大做各式药品保健广告了。到1931年中开始增设凉茶、冰淇淋生意，侧面杀入饮食界："河南路保和堂药局，开办数十年，名驰遐迩，制出药品，极得社会各界乐用。兹为扩充生意，另设分局，在北四川路八零七号，装修华丽，且加做凉水、凉茶、冰淇淋各种生意，定期国历六月二十四日开幕，并举行大廉价云。"②再过数月，则正式进军饮食业："北四川路保和堂药局，所设凉茶部，加添饮食部。中西小食精细名点，均风味绝佳，售价亦极低廉云。"③到1932年，则迎合时尚，附设号称正宗之美式西餐室："本处添设正式美国样式西餐部，经七月十七号正式开始营业，厨

---

① 《律师汪思济代表名园酒家结束召盘启事》，《申报》1933年8月16日第7版。
② 《保和堂虹口分局开幕减价》，《申报》1931年6月22日第11版。
③ 《保和堂分局增设饮食部》，《申报》1931年10月25日第16版。

师曾任英美大餐馆美厨，兹由美国纽约而回，对调制口味、西菜样式富有经验。本部营业始菜式特别，价格取廉。晨餐七时半至九时，中餐自上午十一时三刻至二时半，晚餐完了继续消夜。接办社团住宅西餐、筵席茶会西点，如蒙赐顾，生意不论大小，一律欢迎。"①保和堂西餐室7月17日才开张，傅彦长7月29日就去，还真及时："午后外出，到新雅两次，又到光陆、美味、保和堂西餐部、再生时代等处。"

　　傅彦长本年日记中还有一些值得关注的记录，在此摘录出来。比如统计几家常去的粤菜馆的就餐次数，如："本月（10月）到大马路新雅一共有拾次，北四川路新雅一共有拾乙次。""11月30日：本月到新雅，一共有二十次，大马路新雅一共有五次。""12月31日：本月到安乐园一共有十乙次，到新雅十九次，到大马路新雅有六次，到西门冠生园有两次，到棋盘街冠生园有两次，到大马路冠生园有乙次。"此外，本年度，他还集中去了十几次川菜馆，如去洁而精川菜馆12次，聚丰园、美丽川、陶乐春各1次，也是一个新动向。②

---

① 《保和堂附设西餐室》，《申报》1932年8月2日第3版。

② 张伟整理《傅彦长日记》，《现代中文学刊》2017年第4-5期，2019年第1期，2018年第1-3期。

五、最后的存世日记　不息的粤菜馆日记

傅彦长存世日记，止于1933年，如无新的发现，将成绝响；绝响之中，呼朋引伴上粤菜馆的声音仍然响亮：全年累计上新雅酒楼227次，再度刷新1932年212次的纪录，其他粤菜馆去得也不少，如安乐园酒家56次、冠生园酒家53次、憩虹庐茶室11次、天天酒家8次，福禄寿3次，味雅酒家、大东酒楼、杏花楼酒家、安乐园酒家、津津各1次。

本年的日记中，他记下了一些有意思或有价值的细节。比如1月17日："到大马路新雅，勤、明二妹同往。明妹吃点心十件勤妹八件，我六件，共计二十四件。"吃的数量不少，也可说明味道很好。又比如4月10日日记中说到与鲁迅的相遇："午后到沪，在新雅午餐。遇鲁迅、黎烈文、李青崖、陈子展、张振宇。"[1]这可是《鲁迅日记》里没有的。鲁迅娶了一个世家大族的广州女子，也曾在广州工作和生活过半年，在此期间，许广平除了经常陪他上馆子，还曾两度送他最具乡土特色的食材土鲮鱼，更足以证明鲁迅对粤菜的接受和喜欢。鲁迅定居上海后，也经常上粤菜馆，包括新雅。比如1930年2月1日，"大江书店招餐于新雅茶店，晚与雪峰同往，同

---

① 张伟整理《傅彦长日记》，《现代中文学刊》2018年第4-6期，2019年第1、3-4期。

席为傅东华、施复亮、汪馥泉、沈端先、冯三昧、陈望道、郭昭熙等"。^①又如1933年12月8日，"次至新雅酒楼应俞颂华、黄幼雄之邀，同席共九人"。^②1930年2月1日，傅彦长的日记中也有到新雅的记录："午后一时余（自家外出）到新雅、东方旅社等处，遇沈端先、朱穰丞等。"既见到了沈端先（茅盾），为什么就没有见到鲁迅呢？按理他应该不会错过，可能列在"等"字中了，殊为遗憾。

"美中不足"的是，傅彦长本年度再无"尝新"之举，但我们也正可以借此总结一下傅彦长五年的日记中所显示的"孵"粤菜馆的历程及其启示。这五年的日记中，他去过的大小粤菜馆有粤南酒楼、大东酒楼、东亚饭店、东亚食堂、味雅酒楼、大中酒楼、安乐园酒楼、会元楼、杏花楼、新雅、冠生园、秀色酒家、南园酒家、醉天酒家、上海茶室、金陵酒家、大三元酒家、良如腊味店、老李微居、新新酒楼、美心酒家、清一色酒家、曾满记酒家、世界酒家、万国酒家、红梅酒家、天天酒家、憩虹庐茶室、福禄寿、津津、羊城酒家、南国酒家、梅园酒家、燕华楼酒家、名园酒家、保和堂西餐部等36家，旁及的粤菜馆则有翠乐居酒家、陶陶酒家、大

① 《鲁迅全集》第16卷，人民文学出版社2005年版，第181页。
② 《鲁迅全集》第16卷，人民文学出版社2005年版，第412页。

同酒家、粤商酒楼、亦乐、桥香、共和楼、翠芳居、东江楼、广雅楼、小雅园、广珍楼、长春楼、同乐楼、锦香楼、广济行、竹生居、同发号、醉华楼、广源楼、大新、广雅楼、小吃吃、惠通等24家，合计达60家之多，当然以其行动范围与欢喜偏好，一定还有不少粤菜馆（包括宵夜馆、点心馆）他未曾涉足过。但是，仅此我们就基本可以说，举广东、上海以外的全国其他各地这五年间存续的粤菜馆总数，也不会超过这个数字了。由此可见粤菜向外传播过程中上海的地位和影响，也可推测出"食在广州"名声的传扬当是多么倚赖于上海这个经济和文化传播中心。

说到"食在广州"的海上传播，且不说以傅彦长为代表的学者、作家、传媒人云集粤菜馆本身就足以构成一个重要的传播现象，这些与傅彦长一道雅集上海粤菜馆的文化名流中，不少人也曾写下过关于粤菜的篇章。比如曾今可写了《谈吃》①，徐蔚南写了《食三题：茶和加非、点心与茶食、重庆的水果》②，陈子展写了《谈"吃田鸡"》③，招勉之写了《广州的抽喝吃》《广州之叹的艺

① 曾今可《谈吃》，《论语》半月刊1947年第132期。

② 徐蔚南《食三题：茶和加非、点心与茶食、重庆的水果》，《文艺先锋》1944年第4卷第4期。

③ 陈子展《谈"吃田鸡"》，《人间世》1935年第36期。

术》①，都对岭南饮食嘉许甚多。林微音则不仅写过，而且在"孵"新雅上，也堪与傅氏等量齐观："来了上海，我开始爱好了广东茶室。有一家我差不多从它的开始直去到了它的终结。我不晓得为什么对于它竟会有着那样的一种偏爱。有一个时期，我的寓所是在法国公园的左近，而那家茶室远在虹口的北端，我却并不觉得每天必得去一次的往返的跋涉，因为我不但对那茶室有了那样深切的爱好，就是对于也天天去到那里的别的客人也似乎有一种彼此的关切……这或者已可说是一种嗜好。而嗜好的对于人原是很执着的。嗜好在对象上或者甚至并没有什么差别，所以吃茶的也许正等于吃鸦片的。或者鸦片的执着性还不如茶，因为茶在吃它本身以外，对于吃茶地方的选择也是那样执着的。因此，甚至到那茶室已终结了六七年的现在，我还是常在想到它。我甚至还在想到也天天上那茶室去的一个个别的客人，虽然我同他们，除了间或仅仅知道彼此的姓以外，可说并不私自认识。所以，要那茶室到现在还开着的话，虽然现在已不再有公共汽车、电车等交通工具，我还是会不怕跋涉地天天上那里去一次的。"②

　　如果有日记可据统计的话，林微音甚至还有别的人，说不定比

---

① 招勉之《广州的抽喝吃》《广州之叹的艺术》，分见《贡献》1928年第3期、《新女性》1928年第3第6期。

② 林微音《谈吃茶》，《读书杂志》1945年第3期。

傅彦长更配说"孵"在新雅呢！林微音在另一篇文章中就以超然的视角说到他和朋友们"孵"新雅的具体情景：

老坐在东厅的最东一张桌子的东边一张椅子上的是林微音。仿佛声音已离去了他的声带似的，他几乎总是从初到终地一句话都不说。临走，他只把他所要付的钱留在他的桌子上，因此有的人会以为他没有付了账的。在以前还偶尔会有芳信和朱维基坐在他一起，而现在他们两个人似乎已好久没有来了。

"来一碟马拉糕。"邵洵美一边虽然在拿着点心牌子，看有没有什么新鲜的点心，一边却已把他所要吃的说了出来。

……

有些像那桌苏州人一样，叶灵凤、刘呐鸥、高明、杜衡、施蛰存、穆时英、韩侍桁等有的时候简直好久不来，有的时候就好几个人一起来。[1]

赵景深教授写《谈食品》，也主要从傅彦长写起，既嘉许他的善吃，也相应嘉许了粤菜："说起吃东西来，我以为应该首推傅彦

[1] 林微音《上海百景·老新雅东厅素描》，载许道明等编《深夜漫步：林微音集》，汉语大词典出版社1996年版，第136-138页。

先施公司
及附属东亚酒
家（粤菜馆）

长先生。"并从理论和实践两方面举例加以说明："他在《雅典》月刊上写过一篇《油与热》，以为食品必须至少备此两个条件，方能合格，即油须合度，趁热就吃也。傅先生最好客，我就蒙他请过好两次。八年前他请田汉和我在北四川路一家广东馆子里吃贵刊第四期广告上所谓'冬瓜盅'，我第一次看见，小孩子似地感到颇深的兴趣。冬瓜的中心剜空，映在电灯下，露出透明的绿而带白的皮，再在皮上雕出细致的花纹，觉得比用西瓜皮做灯还要好玩；而瓜里的菜如冬菇白鸽火腿之类，又特别丰富。当时我这乡下人还特别写信给我的妹妹慧深，详详细细地把我这次的奇遇告诉她。"

由此进一步谈到广东菜馆的饮食之美：

　　广东馆子我很喜欢，冠生园、味雅、新雅、南园等家成了我的

favorite。他们的新会橙、叉烧、冬菇盅等味固然足以迷人，我所最喜欢的还是房间的布置和钟鼎的陈设。我认为菜不仅是吃的，也是看的。一尾鲫鱼，为什么上面要放一根打结的绿葱呢？一碗鸡汤为什么上面要放几片黑色的香菌呢？这就是色彩的调和，引起视觉的愉快，因而增进食欲。至于未来派以音乐来增进食欲，并在食前先洒香料一道，我想也是很有好处的。[①]

即便到了这班文化人的晚年，傅彦长以及粤菜馆，也还是绕不过的回忆话题，如章克标说："有一段较长的时间，许多文艺界人在新雅吃茶、闲话、嬉笑、谐谑、滑稽，以消磨宝贵的时间，我跟在朋友们后面，叨伴末座，恭聆高论雅致，几乎成了每天下午的常课……傅公是茶座的常客，势必时常见面。"[②]

而更堪称传奇的是，新雅这种小资而又小资的酒店，在1949年后仍然成为文人雅集的重要场所，连行事甚为低调的何满子先生也不例外。还为此写过一篇《话题围绕着新雅酒店》的文章，记述他与陈望道、黄嘉音等在新雅的相聚，一直到20世纪八九十年代

---

① 赵景深《谈食品》，《食品界》1933年第6期。
② 章克标《傅彦长有江上风》，《章克标文集》下册，上海社会科学院出版社2003年版，第440-441页。

应邀前往参加的活动。^①特别是黄嘉音，也曾是傅彦长在新雅及其他粤菜馆的席上常客，他当年在上海滩主持《西风》《家》等杂志时，就曾发表了不少谈粤菜的文章，特别是邀请广州小姐吴慧贞在《家》杂志，从1946年底到1948年初，开设了跨越三个年头的"粤菜烹调法"专栏，留下了堪称迄今所见最为重要、最为丰富的民国粤菜史料，嘉惠"食在广州"，功不在小。

陈寅恪先生说："凡解释一字即是作一部文化史。"^②移以形容傅彦长，如果他的日记全部留下了，那他一个人，就可连缀一部海派粤菜文化史；即仅就这五年留存日记，也已甚可观了。

① 何满子《话题围绕着新雅酒店》，载《食在新雅》，新雅粤菜馆自印本，2000年版，第26页。
② 沈兼士《"鬼"字原始意义之试探》附录《陈寅恪先生之来函》，《国学季刊》1935年第5卷第3号。

曾经有一段时期，没有月饼，难过中秋，

而没有广式月饼，则中秋不足为贵。

那是怎样的一个时代啊，

不妨慢慢追溯。

广式月饼北伐记

一、广东尤重月饼

广东人尤其重视吃月饼，形容不讲策略不顾后果，那就是"当了衣服吃月饼"："在广东，有一句关于月饼的俗谚，'当了衣服吃月饼'，说倘是一所房屋，住着两家人家，一家买了月饼，那一家当了衣服，也得买几个月饼来应时，这般看来，月饼在广东，竟特别的重视。"[1]讲究策略一点，就是组织"月饼会"："因啖广东月饼而谈及吾粤所谓月饼会，予不归故乡垂念年矣，此乡人为予言者：粤之月饼会，点心铺实主持之；每月纳费若干文，至中秋节届，则

---

[1] 南宫生《谈月饼》，《申报》1935年9月1日第9版。

向点心店取月饼若干斤，分赠戚友。此固大人先生以至太太奶奶们所不屑为，惟寒贫之家，以及佣工之辈，实利赖此种经济组合焉。预先储蓄，到期取货，利益特厚；盖非会员，则不得以贱价而易多量之饼故也。吾粤女佣，多嫁人而永不归家乡者，则咸来佣于城邑，结交姊妹，实行同性恋爱；至年节互有馈赠，故尤多供月饼会者。"其实这也是一种商业进步及发达的体现，并无不好，反有利好："或则以饼转售主人，值博微利。并闻新年亦有此种组合，则杂货店为之主会，届时甚至纸果香烛之类，亦莫不应给尽给，以为祷祝神祈之需。要之粤人擅长经济学，所以经商于外，多操胜算，观此而益知矣。"①国民党元老戴季陶更在孙中山创办，朱执信、廖仲恺主编权威刊物《建设》上撰文，将其作为"协作制度"的范例，上升到政治经济学的高度："广东地方，还有一种名叫'月饼会'的，集了几十家人组织一个会，从正月起，每月每人凑出几十个钱来，到了八月里连本带利，成了一个大宗款项，然后买许多面粉，买许多糖，做起许多月饼来，按照会员的分头，分给大家享用，比起到店家去买月饼，价钱可以便宜不少。②

　　月饼广泛流行中国，成为中秋佳节不可或缺的食物，广东人

①　龙父《月饼储蓄会》，《北洋画报》1929年第8卷第373期。

②　季陶《协作制度的效用》，《建设》1920年第3卷第5期。

始终作着重要的贡献。孙伏园主编的《语丝》上有篇文章说："过去北京的历史，以月饼一例而论罢，我记得很久很久以前，是讲究满洲翻毛月饼的。后来，南式月饼流行了；后来，广东月饼脍炙人口；后来，奉天月饼畅销于世……今年呢，山西月饼也盛极一时了。"①这仅是北京的情形，在南北两大经济中心天津和上海，那更是广式月饼的天下呢。不仅如此，还畅销海外，足为中国饮食之光，民国食品工业之王冼冠生都为之惊叹："几年以前，香港、广州等著名饼店，用洋铁箱装，或白搪镀藏运至南洋、美洲等处，年值一百数十万元。"②一直到民国末年，上海的《申报》还说："海外华侨对于过节最感兴趣，因为他们终年勤劳，全将节日热闹一番，秋节将近，纽约及旧金山各大埠华侨杂粮铺的广式月饼及香斗，已堆得满坑满谷。"风气及于美国："买月饼的不限于中国人，美国人也都喜欢吃Mooncake，洋太太们一面吃月饼，一面便传说甚至编造许多月里嫦娥的故实，表示自己如何博学，俨然中国通了。"③

二、饼店茶居成就广式月饼

至明代，始有当下意义上的中秋月饼的明确记载，如嘉靖《广

① 终一《饱话半打》，《语丝》1929年第5卷第38期。
② 冼冠生《月饼研究》，《食品界》1933年第5期。
③ 菽园《中秋节在美国》，《申报》1947年9月29日第9版。

民国早期著名糖果饼干公司——马玉山公司

平府志》卷十六《四时俗尚》曰："八月十五日，亲友馈送瓜果月饼，至晚置酒玩月。"此后类似记载，就层出不穷了。田汝成《西湖游览志余》卷二十《熙朝乐事》则突出了团圆之义及其风行之盛："八月十五日谓之中秋，民间以月饼相遗，取团圆之义。是夕人家有赏月之燕，或携杯湖船，沿游彻晓，苏堤之上，联袂踏歌，无异白日。"

在广东乃至全国，早期的月饼是功能大于口味的。如清光绪年间所刊的李虹若《朝市丛载》诗所咏："红白翻毛制造精，中秋送礼遍都城。论斤成套多低货，馅少皮干大半生。"[①]京城中论斤成套

---

① 李虹若《朝市丛载》卷七"食品·月饼"条，北京古籍出版社1995年版，第141页。

购买的月饼，难免流于大路货色——馅少皮多则廉，烘烤惜柴则生。月饼制作的讲究及其市场的发达，还得等广式月饼出来，而这讲究和发达的基础，却端的有赖于广州饼饵业的发达："饼店在广东，也算是一种规模宏大的门市营业。他们的生意，以承接人家婚嫁时的礼饼为大宗。广东旧俗，女子出嫁，则向男家要索各种果饼以为聘礼，其数目动辄数千枚，富有者或以万计。女家得此，拿来别赠亲友，作为'有女于归'的通知。所赠愈多而丰，则女家愈觉其场面之光荣。赠而未尽的果饼，数目不多，则留下来自己享用，如果余数太多，亦可折钱退还饼店。所折之钱，当然也由女家得之。"①

　　这一传统，至今犹存；笔者若干年前结婚时，仍须在礼饼馈送方面大加准备，但相对内地动辄礼金多少，洵称良俗。月饼，本属礼饼之一种，如果中秋前夕嫁娶，礼饼包括月饼，自属题中应有之义。伦敦大英博物馆曾展出一个大型的广式月饼，时人就称之为喜饼："现在英京伦敦大英博物院第一次陈列中国运去的糯米粉制的汕头月饼一个，其大如车轮，月饼面上用手工彩画'大会群仙'的工笔画，景物逼真，栩栩欲活。月饼内外均未损坏，陈列品旁加以英文说明，称之为中国的结婚喜糕，略叙述中国旧式结婚风俗。"②

---

① 　张亦庵《茶居话旧》上，《新都周刊》1943年第20-21期。
② 　《中国喜糕陈列伦敦博物院》，《科学的中国》1934年第4卷第7期。

《中国喜糕陈列伦敦博物院》，《科学的中国》1934年第4卷第7期

后来的广式月饼的主要生产者，也确实是这些饼店，以及茶居、酒肆，如后来的食品大王冼冠生说："广东制造月饼的店家，约有三种，饼家、茶居与杂货店，习惯在旧历八月初一，悬挂雕刻金木的月饼，且张灯结彩，运用各人的技术、牌子及资本三者，在

这一时期内互相争逐着。"①当然，其中不少饼店，后来就发展成了茶居、茶楼，并进一步与酒肆合流，如张亦庵说："记得在我幼年时代，在广州城内外，较为繁盛的所在，无不开设有这种饼店。店面装修得金碧辉煌，玻璃柜台里陈列着色泽鲜明的糕饼，市招上写的是'龙凤礼饼''蜜饯糖果'。店堂的中央就是一座大的楼梯，正对着门口。由这楼梯上去就是茶座了。所以从前称上茶居叫'上高楼'。在上海，以前也有过这样的附设于饼店的茶居，他们的店号就是利男居、上林春、群芳居、同安、怡珍。前三者是开设在虹口的，后二者则开设在五马路棋盘街口。至今仍然存在的，只有利男居，店址迁过了，在浙江路、南京路之北，营业制度也变革过了，原来附设的茶居似乎也不存在了。这本来是一家在上海牌子挺老的茶居呢。其余几家，已经消灭得踪影全无了。"

又说："现在以卖饼类糖食而兼营茶楼的，在上海有一家以陈皮梅之类发迹的冠生园，不过一切都成了新式的，而绝非茶居时代的风味了。"②是也。冼冠生最初也是在上海竹生居茶居打工，后来出来开饼店，进而茶居、酒肆，并把饼店做成著名的现代食品工业，冠生园酒楼无论在上海，还是在武汉、重庆、昆明、贵阳，都

---

① 冼冠生《月饼研究》，《食品界》1933年第5期。

② 张亦庵《茶居话旧》上，《新都周刊》1943年第20-21期。

是当地餐饮业的标杆。

如果我们深入搜集材料加以比较，更可明白广东饼店的特别发达及其对于月饼发展的重要性。

饮食行业中，文献可征，广东最早向外拓展的，不是茶楼酒肆，正是饼饵店，即开业于1839年的元利食品号，最早制作月饼的，也是饼饵店，即1862年开业的锦芳食品号。[①] 而饼店中的大宗产品龙凤礼饼，则仿佛广东饼饵店的专利似的。

龙凤礼饼，国人咸用，而以岭南为贵。同治五年（1866），时任两广盐运使的安徽定远人方浚颐刊刻了他的《二知轩诗钞》，其中卷十一《岭南乐府三十章》之《烧金猪（杜奢侈也）》说：“烧金猪，具大餐（用番语）。鲁津伯殿八珍备，糟糠氏进六礼完。万户千家贪口腹，市上燔炮犹不足，却笑老饕未解馋。坡公五日一见肉，古人只重特豚馈，盈几堆盘太无谓。价夺辉煌龙凤饼（京师婚礼率用之），岭南应较辽东贵。吁嗟乎，浆酒霍肉珠海滨，漫数石家蜡代薪。”[②]

确实，节日礼俗，结婚喜庆，多用饼饵，但在农业经济时代，多属临时制作，自给自足，充其量邻里相帮，大规模制作成商品属

---

① 陈春舫《广东帮给上海带来了“吃”》，《上海商业》2007年第11期。

② 方濬颐《二知轩诗钞》，续修四库全书第1555册，上海古籍出版社2002版，第577页。

性的礼饼，还是少见。以1902年创刊于天津，陆续在上海、重庆、香港、桂林、汉口等城市开设分号的《大公报》为例，就几乎检索不到龙凤礼饼的广告，以"礼饼"为关键词，也只检索到4篇（其中两篇系多次投放刊登的广告，当然各只算一篇），而且3篇是广东饼店投放的广告，如《大公报》天津版1908年11月25日第3版广生祥号的龙凤礼饼广告，1929年7月29日第10版天津法界广隆泰百货商店关于"礼饼烧猪"连续多日的广告，1931年5月20日第8版广正隆和记商行粤东杂货庄连续三日的"龙凤礼饼"广告。均是粤人饼店和杂货铺的广告，这与粤商在天津这个北方商业和金融中心的地位有关，他们对于礼饼的消费，当然不会假手于家庭自制，而是需要商品化供应，同时也应当与内地对于礼饼的需求不如粤人之大有关。

　　至于为何数量这么少，这应该与时代变迁有关系。如著名作家、学者许地山先生的《民国一世（三十年来我国礼俗变迁底简略的回观）》说："现在各大都市，甚至礼饼之微也是西装了！"[①]也即说，传统的龙凤礼饼之类，已经让位于西式的蛋糕礼饼了。同时，也与粤人在天津的聚集数量不大有关吧。因此之故，在全国各地开

---

① 许地山《民国一世（三十年来我国礼俗变迁底简略的回观）》，《大公报》香港版1941年1月1日第9版。

上海冠生园喜果广告

有更多分号的《中央日报》，更是检索不到。至于粤人聚集最多、文化传统保守最为完整的上海，则大异于天津和内地其他城市，自晚清以迄民国之世，在《申报》大作礼饼和龙凤礼饼广告的广东饼店及茶楼酒肆，层出不穷，群奔竞逐。

广东人在上海开设饼饵店，最早的是开业于1839年元利食品号，最早制作月饼的则是1862年开业的锦芳食品号。[①] 但后来对饼

上海冠生园喜果广告

饵业贡献更大的却是茶居酒楼，因为他们都可谓食品号的升级换代版，像在广州的茶居，也是由饼饵店升级而来。老行尊冯明泉先生说，咸同年间，广州人虽重饮茶，但商业性的高档茶楼并不多见，多是砖木结构、规模不大的茶楼，因此不称茶楼而称茶居，例如第二甫的第珍居、第三甫的永安居、第五甫的五柳居等，所以此后好长一段时间广州人口头上仍称茶楼为茶居。[①]方濬颐《岭南乐府三十章》之《上高楼（讥征逐也）》适可成为佐证："上高楼，客长满。琥珀杯，琉璃碗。浅斟低唱度深宵，鱼藻门边嫌漏短。闲散哦松吏，逍遥入幕宾。楚庭山下踏青人，登楼共醉天南春。那知高凉战士多苦辛，烽烟又起阳江滨。暮暮朝朝，往来征逐，试看金钱浪掷酒家垆，何如风雨独酌青灯屋。"[②]

茶居基本是广东茶楼的专用名词，他乡多用茶馆、茶楼、茶肆之名；目前所能检索得到的上海茶居的最早文献，是《上海新报》1869年11月13日第2版"中外新闻"。

继前引无名茶居之后，1876年5月6日开业的同芳茶居，报纸广告主打的不是吸引顾客上门饮茶，而是购买糖果饼饵："本号自制蜜饯糖果、各色饼食、时款点心、乌龙严茶、贡神花草桌面、南北京果、金腿彩蛋、诸式送礼品物，铺在棋盘大街，准于十六日礼拜二开张。贵客光顾，请移玉步，谨此告闻。"[③]广告标题冠上"上海"二字，可见茶居或者说广式茶居，在上海尚属新鲜事物——上

---

① 冯明泉《富有地方特色的广州茶楼业》，《广州文史资料》第41辑，广东人民出版社1991年版，第2页。

② 方濬颐《二知轩诗钞》，续修四库全书第1555册，上海古籍出版社2002版，578页。

③ 《上海新设同芳茶居》，《申报》1876年5月6日第6版。

海开埠时间并不算太长，尤其是租界，从荒滩乱葬岗开始建设，到累积人气支撑起消费市场，确需时日；老城厢自然是老式的本土茶馆的势力范围，也不是广东人的聚居地，不能也没必要去挤。

果然，后来再新开广式茶居，"上海"二字就不必要了，如1879年9月2日新开荣昌茶楼："本楼巧制粤东茶食、蜜饯糖果、各国番饼，自办官礼名茶，铺在上海棋盘街，准于十六日开张，货真价实，童叟无欺，仕商赐顾。"①有意思的是这里竟然罕见地用了"茶楼"之名；茶楼之名，再后来是不会出现的，比如1887年9月23日新开的怡珍茶居，是首家在报章公开力推广式月饼的茶居："本号开设上洋棋盘大街五马路口，巧制广东干湿蜜饯糖果、各色茶点、中秋月饼、腊味，各货定于八月初一日在栈房先行发售，俟店铺装修工竣，择吉开张，诸尊光顾，请至五马路怡珍栈交易是荷。怡珍居主人谨启。"②第二年，他们便在《申报》大做中秋月饼广告的，真是威然赫然：

胭脂花饼、宫笔花饼，以上每斤洋三角；

金腿肉月、椰丝肉月、莲子肉月、枣泥肉月、飘香桂月、芽蕉

---

① 《新开荣昌茶楼》，《申报》1879年9月2日第6版。
② 《新开怡珍茶居》，《申报》1887年9月23日第10版。

酥月、玫瑰酥月、菩提酥月、桂花酥、金腿福酥、如意寿酥、鱼翅贡酥、蚝豉肉酥，以上每盒四个洋二角五分；

五仁甜肉、五仁咸肉、蛋黄肉月、豆沙肉月、豆蓉肉月、五仁素月、椒盐素月、梅菜素月、五仁上品、白肉月饼、冰皮锦月、莲子肉酥、丹桂圆酥、白绫鹤酥、五彩蛋酥、红绫肉酥、豆蓉肉酥、一品高酥、鱼云肉酥、枣泥卷酥、金钱肉酥、麻脆香酥、大菊花酥、玉环实酥、蛋黄肉酥、栗子松酥、茶薇肉酥，以上每盒四个洋二角；豆沙素月、豆蓉素月，以上每盒四个洋一角八分。①

一下开出了44种，品种之丰富，在今天任何一个大酒楼都是难以想象的；价钱上也非常便宜，便宜的每个只要一两角，贵的也就三五角。同时打广告的还有好多家。还有不打广告的呢？这可是上海粤菜馆发展的初期啊，由此可推测单单上海一地广式月饼的总产销量及其发展前景。多年以后，泰丰食品公司一口气推出62款月饼，更是极月饼种类之大观：

南京路五一四号泰丰饼干公司，向售各式饼干，应时点食，以及各种罐头食物，每年在中秋佳节，特制应节各种月饼，今届定八

---

① 《怡珍茶居中秋月饼》，《申报》1888年9月2日第6版。

月一日正式上市，连日将橱窗以及内部结彩装灯，左右二大门窗并扮戏剧二出，右为古城相会，左为貂蝉拜月，点缀殊佳。经理王君拔如因公司营业较往年尤盛，且鉴于去年中秋顾客有应接不暇之势，为此于两月前特筑新式大炉灶一座，并添聘名司，专制月饼，故今年月饼花色极多，售价由二角起至二十元止，其名目有六十一种①如左：

一、世界冰盘，价售二十元；二、大千岁月，十元；三、唐皇步步月，五元；四、人月团圆，三元；五、谪仙邀月，二元；六、七星伴月，二元；七、明星朗月，一元；

以下每盒只售七角二分至二角：八、蚝黄品月，九、西施醉月，十、银河夜月，十一、烧鸡肉月，十二、鸭腿肉月，十三、金腿肉月，十四、催丁贵月，十五、龙团抱月，十六、凤眼朝月，十七、榄仁莲蓉，十八、莲蓉素月，十九、枣蓉肉月，二十、枣蓉素月，二一、香蕉五仁肉月，二二、椰丝五仁肉月，二三、五仁甜肉月，二四、五仁咸肉月，二五、凤凰拱月，二六、官星品月，二七、豆沙肉月，二八、豆沙素月，二九、豆蓉肉月，三十、豆蓉素月，三一、红绫肉酥，三二、豆蓉肉酥，三三、太狮酥饼，三四、金腿肉酥，三五、丹桂圆酥，三六、枣泥卷酥，三七、水

---

① 统计标号有误，事实上有六十二种。

晶肉酥，三八、榄仁莲蓉酥，三九、胭脂花饼，四十、西施小月，四一、（银）河小月，四二、烧鸭小月，四三、金腿小月，四四、鸭腿小月，四五、五仁甜小月，四七（六）、五仁咸小月，四七、豆沙小月，四八、豆蓉小月，四九、莲蓉小月，五十、冬瓜小月，五一、枣蓉小月，五二、小豆沙酥，五三、小莲蓉酥，五四、小麻蓉酥，五五、小豆蓉酥，五七、大金腿酥，五七（八）、小烧鸡酥，五九、小鸭酥，九（六十）、小枣蓉酥，六十（一）、小冰皮锦，六一（二）、宫笔画饼。①

该公司后来自称"月饼大王"，诚非虚骄："近年以来，对于点食一道，日新月异，即以中秋月饼一种而论，已不胜数，然能以大王自居者，具有个数，此所以敝公司得独占月饼之盛誉也。兹将特点列后，俾各界在中秋令节，欲以月饼送礼者，知所选择矣：色香味之佳，可算得大王；种类之特多，可算得大王；焙制之精洁，可算得大王；装潢之美丽，可算得大王；货品之真实，可算得大王；售价之公道，可算得大王；经久之不变，可算得大王；受众之欢迎，可算得大王。泰丰罐头食品公司谨启。"②终民国之世，他们都

① 《泰丰月饼之畅制》，《申报》1923年9月8日第17版。
② 《欢迎泰丰月饼大王》，《申报》1927年9月7日第10版。

一直供应月饼："泰康公司中秋月饼：科学焙制，皮薄馅足。"①

差不多同时，在广州和香港搞出月饼营销大动静的，也同样是茶楼。据《中西日报》②1892年6月4日《天元茶楼告白》："本店专办奇雅蜜饯糖果，及龙凤礼饼、中秋月饼，皆务求其真，价必算其实。已蒙远近光顾者时向赞赏，谓粤省中糖果茶饼以小店为最，所以开张以来，日月虽浅，而远迩驰名。香港各庄着办糖果不下数千之多矣。不料近有垄断者流或假冒本店，伪称本店分枝，遍向香港各庄接货，以挽渔利，此等影射，无耻实甚。嗣后富客光顾，欲在本店定办糖果礼饼等物，请函知第八甫本店照办。"而此时，茶楼的兴起时间尚短，因为据冯明泉老先生讲，咸同年间，广州尚没有茶楼，而天元茶楼也并非历史上多有名的茶楼，由此可见茶楼在月饼大兴过程中的地位和作用。

上海如此，省港如此，在另一重要通商口岸天津也是如此。起初是广货店兼营月饼，如《大公报》天津版广万和号的"中秋月饼"广告："本号开设天津法界，自办广洋杂货、藤椅皮箱、外洋罐头、飞鸟食物，各色海味兼全，中秋月饼并重……"广万和号在公历8月15日重点宣传中秋月饼，大字置于广告正中。

---

① 《泰康公司中秋月饼》，《申报》1946年9月2日第2版。

② 原为创办于1886年的《广报》，1891年遭当局封禁后迁往沙面由英商接办而改名。

《广万和号中秋月饼》，《大公报》天津版1905年8月15日第4版

再如广吉祥号《大公报》天津版1906年9月12日第4版的广告，则直接以《新式中秋月饼》为题，突出其机器制造特色，诚可谓开新式月饼风气之先："本号不惜功本，置有外国机器，聘请旁通泰西化学饼师，选买上等洋面，精制各式面包饼食、咸甜疏打、各样罐头饼干，已蒙远近贵客光顾，咸称货美价廉，感惭交集。于是更不敢苟且，恐负诸君赞扬之成意，今再改良，以西式饼之材料制造中秋月饼，不独适口，而且花样新奇，至于一切人物花草，均用以外国糖浆推凸，玲珑异常，食之既见爽心，观之更觉悦目，独开生面，与众不同，诚为饼中之特别也。并有洋广杂货，海味腊味，送礼品物，一概发行，定价格外公道。如蒙光顾，请认招牌，庶不致误。天津紫竹林北洋医院斜对门广吉祥启。"

但是，天津广式月饼推广做得最好的，是先为杂货店后为茶楼酒肆的广隆泰，以及自沪北上的冠生园。《大公报》天津版1906

年10月1日第1版广隆泰的广告说："本号自运洋广什货、罐头伙食、吕宋雪茄、各国烟卷、洋磁铁器、中秋月饼，专做南北酒席、点心、饺、饼食、烧味腊味，一概俱全。"后来广隆泰获直隶实业厅长颁发"百粤佳珍"奖牌，更是在月饼销售上大做文章，推销策划行动直令后来上海冠生园、杏花楼都难追项背："本埠法界广隆泰广货庄，向售各种粤产物品，颇受社会欢迎。前直隶实业厅厅长，曾给'百粤佳珍'四字匾额一方，并蒙工业观摩会奖以最优等牌照。现值秋节，该号特自制各式广东月饼，其包装之纸盒，亦精美无伦。并于门前设电船一艘，以小电灯砌成，来回行驶，五光十色，极惹行人注目。该号月饼，因之大为畅销云。"①

广隆泰珍惜荣誉，勇往直前，以不断革新为招徕："法界广隆泰自制各种广东食品，素称优美。前年曾蒙直隶实业厅长赏给百粤佳珍匾额，商界羡之。其自制广东月饼尤为同行翘楚，上年经实业观摩会，审定给予最优等奖章奖凭。现届中秋佳节，该号特加料精制广东月饼三十余种，廉便竞卖：凡购物在一元以上者，有优美赠品。并于门前盛扎彩棚，电灯万盏，遥望五光十色，光怪陆离，大惹行人注目。而趋赴该号购月饼者，遂亦络绎于途。若该号之精益

---

① 《月饼业之营业竞争 广隆泰大事铺张》，《大公报》天津版1922年10月5日第11版。

求精，力求营业发达，实大洗华商因循守旧之积习也。"①

各地之所以如此重视月饼的营销，实在是因为一季之营销，几可左右一店全年之赢亏。从一则关于广东的罢工风潮报道中即可窥见一斑："……工党要求加工减时之风潮，今年遂连续发起……最近则茶居饼食行、土木建筑行之罢工要求风潮最为剧烈。粤省饼食营业每年以八月中秋节最为畅旺，盖各家皆购月饼为馈送物，各人到中秋节亦以吃月饼为应时佳品，各饼店内营业盈亏皆以此届月饼能否畅销为标准。"②

到1927年，开始有冠生园北上天津，以科学炉焙为卖点，与广隆泰争锋。③但初期还是不足以撼动广隆泰的地位，《大公报》天津版1928年9月4日第6版的《新凉时节应时品：月饼的调查》，就只以广隆泰为广式月饼的代表，当然也盛称了上海的广式月饼："只要新秋一到，'中秋月饼'便算是应时的食品了，我们因为在这一个节季中，月饼的势力真是弥漫到全社会，所以费了几小时的工夫，把天津的月饼调查了一下……天津市上的月饼，大致可以分做几种：一种是天津本地制的，一种是广东铺子的，一种是清真教的，一种是上海茶食店制的。天津本地制的，我们把胜兰斋的价钱

① 《实业厅奖励广东食品》，《大公报》天津版1923年9月16日第6版。

② 《粤中之凯旋与罢工》，《大公报》天津版1921年9月6日第6版。

③ 《冠生园科学炉焙中秋月饼》，《大公报》天津版1927年8月27日第5版。

做代表；广东月饼，把广隆泰的价钱做代表；清真教的，把恩德斋的做代表；上海式的，我们把福记稻香村做代表。天津的和南方并没有特异的分别，只有广东月饼比较的不同些，而且外形比较的高厚。上海的广东铺子曾发卖过一百元一个的大月饼，一个月饼就够几十个人吃的，而且这种东西，也惟有竞事奢华的上海才会有，天津的广东月饼，并没有那么大的，不过你要定做可不在此例。"并开列了广隆泰几款代表性月饼："冰皮荤月饼、烧鸭肉月饼、南乳肉月饼、烧杂肉月饼、蛋黄肉月饼、蚝鼓肉月饼、蹄子肉月饼、香蕉肉月饼、玫瑰肉月饼、桂花肉月饼、五仁素月饼、豆蓉肉月饼、豆沙肉月饼、枣泥肉月饼，多种现在尚未上市。"观其所列，大不同于今日莲蓉蛋黄之类，而以肉类荤馅为主，这正是酒楼之强项。

由于这些饼店茶居的努力，广式月饼在清末即已奠定江湖地位，且不说在上海，即便在南京，初刊于1908年的清末学者陈作霖的《金陵物产风土志》即说："中秋月饼，以广东人所制为佳。"[①]广东所制之所以为佳，是因为在外的广帮经济实力雄厚。岭南经济发展相对落后地区或者相对穷困的人，还是吃不起月饼的。容肇祖先生收集的歌谣中就对此有生动的反映："八月十五是中秋，有人快活

---

① 《金陵琐志九种》，南京出版社2008年版，第135页。

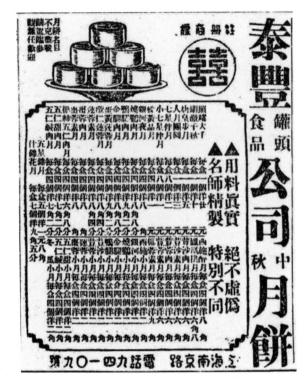

《泰丰罐头食品公司中秋月饼》,《申报》1933年9月30日第18版

有人愁。人的有钱吃月饼，我的冇钱捱芋头。以上通行博白县。"① 随着广东经济社会的继续发展，特别是向外拓展的势力日盛，粤菜馆进入其黄金时代，广式月饼也迎来更大的辉煌。

---

① 容肇祖《读了〈耕者之歌〉以后》,《民俗》1928年第38期。

三、粤菜馆开创广式月饼新时代

传统饼饵店升级为茶居，楼下卖饼饵，楼下饮茶吃点心；再进一步就是茶楼茶室，一楼外卖地位相对降低，堂饮堂食相形重要；再后来是茶楼酒肆合流。所以，饼饵茶居之后，菜馆酒肆经营月饼渐擅胜场。后来声势最烜赫的冠生园，食品工业地位超然，却是起家于茶居兼营宵夜馆。创始人冼冠生1905年来沪，在竹生居学徒期满之后，学着竹生居与人合开了冠香宵夜馆："义和居位于新舞台侧面，系新舞台茶房头目张君所创办者，二三层楼设改良茶茗，楼下粤菜，归我们办理，且定名'冠香'，这是我最先手创的小事业。冠香的主要营业，当然是粤菜（俗称消夜馆），同时附售广式茶食莲子糖等。我们当时采用分工合作制，本人担任会计招待和营业设计，苏君则专理烹饪和进菜的职务。"[1]但给外人印象，则似乎以糖果为主，因为他们的报章广告是不及于粤菜的："本号开设南市外马路戏园北首，自制蜜饯糖果，送礼茶食，每盒十件一角；外国饼干，每罐二角；广东香肠，每斤五角；中外罐头品物，无美不备；蜜饯莲子糖，适口香甜，美味装潢，精美送礼佳品，每元天平秤

---

① 冼冠生《三十年来冠生自述》，《食品界》1933年第4期。

四斤。官礼品物，一应俱全，价廉物美，以广招徕，特此广告。"①
这么小本生意起家，却不吝广告费，正是冼冠生重营销的基因
体现。

生产批发糖果，岂能少得了月饼？第二年冼冠生就把重心放
在了月饼上："本号仍增中秋佳节月饼，聘请名师选配，品料精
良，巧制五仁、什锦、豆沙、豆蓉月饼每元四盒，加头、百果、五
仁、金腿、玫瑰、冰皮、枣泥、莲蓉月饼每盒洋四角，百果小月饼
每盒一角，莲子糖每元四斤，广东香肠每斤洋五角六分，中外罐头
食品、蛤士蟆送礼品物一应格外公道，函购立奉。赐顾请至十六浦
外滩新舞台北首便是。一设宁绍码头大达里口分号交易可也。"②"仍
增"二字表明他们去年一创立即开卖月饼了，而"函购"之举则差
不多属于独创，至少笔者未见第二家有此举措。

因为种种原因，当然主要是新舞台自十六铺迁往九亩地之后，
冠香"顿失去了主要的顾客，以致营业不振，乃不得不停办"③。
冼冠生旋又与人袭用广州著名茶居陶陶居之名合开了陶陶居中西
菜馆："本居择于阴阳历二月十二日三月十九号开幕，特设改良坐
位，装潢幽雅，器具精良，聘请名师，烹饪中西酒菜，巧制西式食

---

① 《南市十六铺新开冠香蜜饯莲子糖批发》，《申报》1909年3月31日第8版。
② 《上海南市冠香号中秋月饼上市》，《申报》1910年9月8日第8版。
③ 东白《冠生园主人冼冠生访问记》，《新人周刊》1934年第1卷第3期。

品，随意小酌，菜馆精美，招待周到，非敢夸口，请尝试之。"①中秋月饼，仍是他们经营的重头戏，而且广式苏式兼营："本居精制各种荤素月饼，豆沙、豆蓉、莲蓉、枣泥、南腿、榨菜、五仁、玫瑰、百果、椒盐、葱油、鱼翅、鸡丁、鸭腿等色，名目繁多，不能细录。广式每盒大洋二角半至五角，苏式每盒小洋八分至一角半，物美价廉，传播众口，如蒙赐顾，请至南京路西首陶陶居，无任欢迎。"②

后来由于"先施永安相继成立，无异把全市顾客，都集中于南京路，五马路商业便受了极大的影响，不久，市房翻造，许多商店，不能继续"③，他的陶陶居也宣告结业。此后，"蛰居九亩地，研究食品及食谱，得夏月珊援手，拼凑数百元，开设冠生园，专售果汁牛肉、陈皮梅等，推销游戏场内，并运销港粤，营业大振。又承郑正秋、孙雪泥、薛寿龄诸先生加入，合作奋斗，至今资本达五十万元，支店遍本外埠"④。

前两次创业，他是粤菜先行，这一次却是饼饵先行。在根据地上海如此，在外埠亦然。比如在另一经济重镇天津，一经北上，就

① 《上海新开陶陶居中西菜馆》，《申报》1913年3月17日第1版。

② 《（陶陶居）中秋月饼上市》，《申报》1915年9月15日第4版。

③ 冼冠生《三十年来冠生自述》，《食品界》1933年第4期。

④ 润身《冼冠生先生成功史》，《兴业邮乘》1935年第36期。

渐夺广隆泰之席，如《大公报》天津版1931年9月12日第5版广告《二十世纪大贡献之冠生园科学炉焙中秋月饼》称其月饼："无生熟不匀之弊，各省人均配胃口。美术盒装不加费，送礼饷客最名贵。改良广东莲蓉月每盒四只洋七角二分，豆沙月每盒七角二分……尚有鸡丝、鸭腿、老婆、五仁、蛋黄、杏蓉等种月饼，尚有著名小月饼分豆沙、百果二种，送礼自食，亦颇名贵。秋节礼品，花色万全。"

再到后来，广隆泰与冠生园的连鑣并轸的竞争之下，风卷残云，连代表南派的稻香村，都改营广式月饼，则天津月饼市场，诚可谓广式一家独大了："本号特聘广东名师，精制超等改良月饼，与众不同。料质丰富，科学炉焙，为他家所不及。送礼自用，均极相宜。尚祈各界仕女惠顾品评比较，方知言不谬也。天津法租界天祥对过明记稻香村启。"①

有市（场）才有戏。以前，在小农经济时代，即便在通都大邑，人口也都有限，商业也不甚发达，从酒菜馆业的发展历程也可见一斑。早期没有跨区域的酒菜馆，即便是在北京这样的首善之区，大型酒楼也是到近代才出现，传统的酒菜馆都是相对小型，王公贵族自拥家厨，稍大场面是上门到会，或者借助各省会馆。像

---

① 《超等改良月饼》，《大公报》天津版1932年9月3日第11版。

广州这样崛起甚早的商业都市，大型茶楼酒楼同样是近代以来的产物。而月饼的讲究，不仅与茶楼酒肆发展同步，而且大有赖于茶楼酒肆的制作，尤其是在五口通商之后上海这样五方辐辏的发达市场体系之下，以及天津这样辐射整个华北的经济和金融中心之中。

冠生园与广隆泰之外，加盟演出天津月饼市场竞争大戏的新角色，乃是新兴的粤菜大酒楼广州亦乐园餐馆："本园特聘粤籍名师，精制中西点心，科学烤炉，物质优美，与别不同。价格从廉，请诸君尝试，方知言之不谬也。改良月饼、百果小月饼、著名特别莲子月饼、中秋月饼。开设法租界天祥后门对过泰隆路。"[1]由此也可见酒楼业与月饼业的互为倚重与双向奔赴。冠生园则更有笑傲同侪之势——《试看今日冠生园，竟是中秋月饼秋节礼品的大本营》。[2]

到了抗战胜利之后，天津月饼市场仍是由广式月饼当家，从报章广告即可窥见。寿康公司率先广告，直称"中秋节送礼珍品！寿康广东月饼"[3]，进而自诩"本市唯一月饼专家"[4]。和兴食品公司则称中秋礼最全，而以月饼为最[5]。苏式酒家稻香村十余年不改本色

① 《广州亦乐园中西时菜》，《大公报》天津版1935年9月4日第13版。

② 《试看今日冠生园，竟是中秋月饼秋节礼品的大本营》，《大公报》天津版1935年9月4日第13版。

③ 《寿康广东月饼》，《大公报》天津版1946年9月6日第1版。

④ 《本市唯一月饼专家》，《大公报》天津版1947年9月25日第1版。

⑤ 《和兴食品公司秋节礼品最全》，《大公报》天津版1946年9月6日第1版。

力推广式月饼，最堪记忆："送礼请到森记稻香村去买：特备广东月饼、改良月饼、金华火腿、洋酒罐头。"①还特别强调："严禁假凤虚凰滥竽充市：想买真正地道广东月饼，请到绿牌电车道。"②仿佛只有广式月饼才是正宗月饼，仿佛只有稻香村月饼才是正宗广式月饼。真是一件十分有意味的事。老牌的最负盛名的粤菜馆北安利当然也不会缺席此月饼盛宴："北安利首创，一年一度供献改良月饼，错过须待明年。质料名贵，与众不同。"③

总而言之，言而总之，在天津最著名的《大公报》上做广告的，几乎纯是广式月饼，则广式月饼，雄霸天津，自不待言。

四、上海加冕广式月饼

从某种意义上说，广东人吃广式月饼，有什么好说的呢？外人说好才是真的好。外人说好的最佳坐标点，则非上海莫属。上海是新的文化中心和传播中心，更是远东最大的经济中心，也是一个五方辐凑的移民城市，上海的接受度，几乎可以等同于全国的接受度，事实上也影响到全国。

广式月饼早期在上海的发展前已有述，但早期并非人人关心，

---

① 《送礼请到森记稻香村去买》，《大公报》天津版1946年9月6日第4版。

② 《严禁假凤虚凰滥竽充市》，《大公报》天津版1947年9月27日第1版。

③ 《北安利首创改良月饼》，《大公报》天津版1947年9月25日第1版。

更不会人人记得，因此最值得详述的，当然是民国中后期。

上海粤菜馆在北伐胜利之后进入鼎盛时期，广式月饼也是这样。《上海常识》1928年第41期有篇不才的文章《月饼》说："上海地方的月饼，约可分为三种，就是广式、苏式、宁式……从前销路，推苏宁两帮为巨擘，广帮只少数粤人嗜之而已。现在则不然，要算广式最时髦……所以我料不久苏宁两帮月饼，或须同归淘汰，而要让广帮独占鳌头了。"前述徐珂说："先施公司之月饼，有一枚须银币四百圆者；冠生园亦有之，则百圆。惟角黍有一枚须银币五圆者。先施、冠生之资本，粤人为多，购月饼、角黍，亦大率为粤人，否则且骇怪且咨嗟。珂谓此固足以见粤人财力之雄，丰于自奉。"不才的《月饼》也说："惟有广东月饼，售价极昂，殊非一般寒素人家所能染指。像今年冠生园的'貂蝉拜月'，与业已停闭的马玉山的'白帽果子蛋糕月饼'，一饼之价，取值百元，怎不令人可惊呢！……而苏宁式者，每个只售二三角而已。"这是什么价位呢？当时广州大同酒家最昂贵的一大盆大群翅，也才六十元；北京谭家菜的鱼翅席，起初每位也四元，一席最多也就三四十元。这里，详作者徐珂之意，当然不是强调月饼的地方特色，而是强调月饼的昂贵，而这月饼的昂贵，当然是其品质，否则就谈不上"丰于自奉"了。而买广式月饼的"大率为粤人，否则且骇怪且咨嗟"，这一方面是因为粤人确实有钱，清初以来，对外贸易，长期是广州一口垄断；近代以后，虽然扩大到五口通商，但从事洋买办的赚钱活计，基本上还是粤人揽着。另一方面，则是因为内地人不像粤人这样舍得，至少不舍得把月饼做得这么讲究昂贵。

广式月饼有极其昂贵的，更多的是价廉物美的，只有这样，才能广泛占领市场，满足各层次顾客的需要。酒菜馆业也是这样。这也是我一再强调的一个观点，即一个菜系，必须要有精致高端的引领者，也有各层次的雁行者；粤菜之有谭家菜、太史菜，湘菜之有谭府菜，川菜之有姑姑筵等，无不如此。从晚清直到抗战前夕，广式月饼一直都有非常昂贵的。比如全面抗战前的最后一个中秋，《大公报》上海版1936年9月30日第15版有一篇刚鲍申的《上海月饼的种类》，说上海月饼之贵，全属广式："冠生园有一个月饼，名为'众星拱月'价值一百元，先施公司有一个月饼，名叫航空赏月，价值一百元，永安公司有一个'永安岁月'，价值七十元。新新公司也有一个'众星拱月'，价值七十元，泰康公司最贵的月饼价值八十元，名叫'蟾宫攀月'，这些，都是他们的代表作品。"但是，他又说，大众化的月饼，也是广式为主："至于普通的月饼呢，广式到底是后来居上，不但名词风雅，而且种类众多。计有豆沙肉月、蚝黄品月、莲蓉肉月、百果咸肉月、双黄莲蓉月、五仁月、枣泥月，等等，苏式月饼的名词就老实多了，分做鲜肉、南腿、三鲜、猪油夹沙、葱油南腿、五仁百果、清水玫瑰等数种，不但名词没有广式月饼的风雅，而且种类也没有广式月饼众多。"

冠生园虽然做很贵的月饼，但老板冼冠生自己却并不以为然：
"我第一个感触就是中国人的心理有点莫名其妙。譬如以月饼来说
罢。月饼的材料无非是面粉、白糖、芝麻、杏仁、莲心、豆沙等。
每个月饼所费的材料是有限的，但我们为什么卖得很贵；每个月饼
甚至有三块钱、五块钱的呢？这因为我们不卖这样的价格，如果卖
了一二毛钱一个，那就没有人来买了。一般摩登男女以为价格贱了
是不时髦，他们情愿到外国糖果公司去买其他东西来送礼了；这
是很显见的。"①真是有点得了便宜还卖乖的味道。甚至连传统广式
月饼的花色款式也加以批评："广州月饼花样甚多，不合理的也是
很多，例如烧鸭月饼，禾花雀月饼，总觉得并非月饼的好原料。在
四五十年以前，贵族阶级大都购买红绫月饼，白绫月饼，胭脂花月
饼，工笔花月饼，但仔细研究它的口味，许多是甜咸不匀。"②他的
批评也并非没有道理，关键是他有他的底气——以实际行动改变或
者说"纠偏"。

广式月饼各类之丰富，前面举了1888年怡珍居之例，这里我们
还可再举安乐园酒楼1928年的一个广告为例以资说明："安乐岁月

---

① 东白《冠生园主人冼冠生访问记》，《新人周刊》1934年第1卷第3期。
② 冼冠生《月饼研究》，《食品界》1933年第5期。

每座三十元，幸福岁月每座十元，流霞醉月每座五元，团圆好月每盒一个二元，胜利日月每盒二个一元，珠江夜月每盒四个一元，三潭印月每盒四个一元，蚝黄肉月每盒四个八角半，金腿肉月每盒四个八角半，蛋黄莲蓉月每盒四个八角半，银河夜月每盒四个八角半，莲蓉肉月每盒四个八角，莲蓉素月每盒四个八角，冰皮莲蓉月每盒四个八角，蚝豉肉月每盒四个八角，鸭腿肉月每盒四个八角，枣泥肉月每盒四个七角半，枣泥素月每盒四个七角半，麻菇净素月每盒四个七角半，冬菇素月每盒四个七角半，苏蛋肉月每盒四个七角，五仁咸肉月每盒四个七角，五仁甜肉月每盒四个七角，豆蓉蛋黄月每盒四个七角，香蕉肉月每盒四个七角，椰丝肉月每盒四个七角，豆沙肉月每盒四个五角半，豆沙素月每盒四个五角半，豆蓉肉月每盒四个五角半，豆蓉素月每盒四个五角半，冰皮豆沙月每盒四个五角半，冰皮豆蓉月每盒四个五角半。"①

广州本地，也是当仁不让，可略举一例，以管窥豹："涎香茶楼（广州永汉路）：合桃丹凤月、杭仁莲蓉月、宝鸭穿莲月、五仁罗汉月、金华火腿月、凤凰西山月、银河映秋月、榄仁椰蓉月、火鸭鸳鸯月、南乳香肉月、金凤腊肠月、东坡腾皓月、金银叉烧月、杭仁豆蓉月、玫瑰上甜月、上豆沙肉月、什锦上咸月、上品果子

---

① 《安乐园酒楼月饼品名价目》，《申报》1927年8月28日第19版。

月、莲子蓉月、芬芳椒盐月、五仁香月、豆沙罗汉月、五仁咸月、豆莲罗汉月、豆蓉肉月、冰片莲蓉月、豆沙肉月、冰片豆蓉月、豆蓉素月、莲蓉素月、双凤莲蓉月。"[①]

至于市场占有率方面，《大公报》上海版1936年9月30日第15版还有一篇楚人的《上海的月饼市场》有过描述："现在，上海市场上占最大的势力的，就是广式与苏式两种。尤其是广式的月饼，更是雄视一切。说起来也是相当有趣的，在三十年以前的上海月饼市场，差不多是苏式月饼的天下，不但没有广式月饼的地位，别人谈也不谈到广式月饼。后来，经过冠生园，及永安、先施、新新三大公司的努力，方才有今日的地位。到现在，还超过苏式月饼，上海的市场，差不多已经被广式月饼所独霸了……广式月饼的代表者，自然以冠生园及三大公司为最出名。而苏式月饼，以老大房、稻香村为代表的。"殊不知，天津稻香村早被挤迫得专卖广式月饼了呢！

五、营销是王道

前面谈天津的广式月饼的时候，就已经让人感到粤人在营销上能出奇招，上海粤菜馆更是特别重视特别擅长营销，比如冼冠生

---

① 刘万章《广州月饼的名称》，《民俗》1928年第32期。

1934年礼聘自己的嫡系老乡、电影皇后胡蝶拍摄月饼广告，广告语"唯中国有此明星，唯冠生园有此月饼"[①]，至今仍堪称经典。更经典的是蒋介石也变相成了他们的最佳广告代言："本埠冠生园食品公司制造月饼，素以用料名贵，烘焙得宜，蜚声于时。去年秋间，蒋委员长当驻节武汉之日，曾派员向该公司采办月饼数万盒运往犒赏将士。彼时该公司以蒋委员长造福人民，劳苦功高，并另制大月饼一座，送呈行营慰劳，深得蒋委员长之嘉许。近日金风送爽，又届月圆时节，蒋委员长仍循旧例采购较昨年数量更多之月饼，运往成都，作犒军之用。"[②]

在外人看来，营销正是冠生园及广式月饼独霸市场的王道利器："广式月饼，因为制作者头脑清新的关系，特别注意于报纸的宣传，以及装潢，等等，以引起顾客的注意，比如，冠生园每年必定发起一次专车赏月，这就是很好的生意经，而苏式月饼，既不注意于宣传，同时，在制造上，更墨守成法，装饰也不考究，所以，广式月饼就占了后来居上的优势。"[③]

其实广告营销也体现在包装装潢上，在前面已经间接说到，这里再专门说说杏花楼月饼的包装。据补白大王郑逸梅先生说："上

① 《礼拜六》1935年第605期；亦见《胡蝶与月饼》，《美术生活》1934年第7期。
② 《蒋委员长采购月饼犒剿匪将士》，《申报》1935年8月29日第13版。
③ 楚人《上海的月饼市场》，《大公报》上海版1936年9月30日第15版。

海杏花楼，以月饼著名，饼匣有画，很工细，先出于杭稚英手，后出于李慕白手。"①都是名家手笔。其实"杏花楼"三字，更是出自末代榜眼朱汝珍之手。冼冠生也认为花色多样和注重包装，是广式月饼制胜之一道，江浙月饼就成了他的反例："江浙月饼，花色欠多，甜味过浓，装潢随便，炉焙也很简单，年来江浙月饼，销路的逐渐落后，可说是当然结果，否则价格低廉，合乎一般人的购买力，岂有不纵横国内之理。"②

此外，借重文士名流以为鼓吹，是上海粤菜馆传统的营销手段，当然也是广式月饼的营销手段，尤其是安乐园。早在1926年，著名作家周瘦鹃在一篇《宴罢归来》里说："饼圆如月，藕大似船，中秋佳节又至矣。武昌路安乐园酒家，以善制广东月饼闻，特举行一月饼大会，柬邀新闻记者大嚼。会设三楼既既厅，佐以粤中女伶歌曲，繁弦急管，别有风趣。愚与天笑、士端、介民、文农四君同桌，尝饼至十余种，窃推莲蓉为个中翘楚，豆沙次之。其柬中有'天上月圆，人间秋半，黄花未熟，尚迟醉菊之期；玉宇初凉，已过浮瓜之候'等句，亦可诵也。"③莲蓉、豆沙，至今仍是广式月饼最经典的款式，不愧是名家品位。到民国末年，安乐园犹维持此雅

① 郑逸梅《先天下之吃而吃》，上海文化出版社2015年版，第7页。
② 冼冠生《月饼研究》，《食品界》1933年第5期。
③ 周瘦鹃《宴罢归来》，《上海画报》1926年第151期。

《影后胡蝶与该公司之月饼合影，借以证明冠生园月饼为月饼之王》，《礼拜六》1935年第605期

风于不坠，如著名作家包天笑说：“（民国十八年九月六日）晚，虹口之安乐酒家（广东菜馆）请客，每年八月，至月饼上市，必宴客一次，当筵并召粤妓侑觞，彼等谓之‘开厅’。”[1]

有比较才有鉴别，比较优势是营销的基础。较早说到的是《大公报》天津版1932年9月5日第11版凌霄的《旧都百话》：“中秋在即，月饼满街，这是干果铺、南果铺、饽饽铺，以及广东铺子、苏

----

[1] 包天笑《钏影楼日记》，《茶话》1948年第20期。

州铺子大家抢着做的一笔生意。以馅子分者，荤素两大项之下，荤的里头，有火腿焉，鸡绒（蓉）焉；素的里头，有豆沙焉，有枣泥焉，有山楂焉，有白糖焉。以做法分者有翻毛焉，有提浆焉。以地域分者有本地月饼、姑苏月饼、山西月饼。惟有广东月饼，不但广东饭馆，广东客栈，广东点心铺大卖特卖，即苏州老板的南果店，山西老板的干果店，亦要特别挂块牌子上写'广东月饼'四个大字，他们本店自制的苏州月饼，本地月饼，反而无此优待，在这里可以看出'广东'的一切的伟大来。其所以能够如此伟大者：（一）块头大，体格敦实魁梧，每个月饼块头约当别的月饼四倍有余。（二）每个的价钱是两角，至平凡者亦须一角五仙。（三）外层皮子硬而光亮，甚为壮观。（四）馅子名目特多，如豆蓉、莲蓉、五仁、桃仁等，内容甚为丰硕。虽然是如此的望实俱隆，不是中人以上的人家，很难尝到它的好处。买一个起码是一角五分钱，在普通过'八月十五'的老百姓们要尝尝味儿，谈何易？"

稍后上海《机联会刊》1935年第126期飞天的《谈月饼》也作了很好的比较："推敲起'广式'所以抬头，'苏式'所以落后的原因来，不外是下列的二种原因：（一）'苏式'的制法陈旧，不知改进；（二）'苏式'的配味简单，不能适合各省人的胃口。而'广式'却相反的，制造合理。"合理在哪？"'广式'月饼的原料，计有杏仁、瓜仁、麻仁、核桃仁、湘莲子、金丝蜜枣、金华茶腿等数十种；据他们的负责人告诉我，这些原料，都是先期向产地采办的，而在制造以前，经过一番严密的拣选，拣选之后，就从事配味的工作，配味的工作真是一件非常吃重的工作，严谨地，小心地从事，一钱一两，都有限度的，配好之后，还要经过一番严格的审查，审查完毕，才推上焙炉，从事焙制。"从而得到"'各省人均合胃口'的好誉"。制造方法，最主要的就是采用机械焙炉烘制，避免生熟不匀之弊。但为什么其他派式不采用呢？因为他们的月饼本来就没有太讲究，皮多馅少偏薄，用不着："因为'广式'的月饼，形式比'苏式'的月饼大而厚，非经过火力均匀的焙炉烘制，不能尽'生熟均匀'的能事，这种焙炉，烘出来的月饼，便是无生熟不匀之弊，而且出货还迅速，现在普通的制造家用唐炉焙制的多，但是用唐炉显然有二种缺点：一、火力太大，月饼易焦；二、青炭燃烧有碍卫生。"

后出的张亦庵先生的《苏广月饼》可视为对此的很好的补充说明："广式月饼，馅的部分所占甚多，皮的部分所占甚少，大约是四与一之比。苏式月饼则馅占约五分之二，而皮占五分之三。所以吃广式月饼，几乎等于完全吃饼内之馅，其表皮，不过是绝不重要的一层包护其内层的东西。苏式月饼吃起来表里并重，殊无轩轾。然而称作'冰皮'者，饼皮不作焦之色而洁白如冰雪，品质特别柔软，然仅限于某几种馅之月饼始有之，非一切月饼均可得而冰皮也。"①

优势之下，无论在何地，广式月饼都是首选中的首选。比如著名学者吴宓先生1941年10月5日日记说："独入市，在谷香斋（华山南路）买月饼（＄6）。归而芹（滇黔绥靖公署宪兵司令部政训主任，陆军中校，徐德晖，心芹）来过，留赠冠生园月饼一匣。"②陆心芹可是达官贵人啊，能成为他的礼物，也可见广式的冠生园月饼的身价。再如时任浙江大学校长的竺可桢先生在1945年6月26日的遵义日记中说："月饼中放冰糖，终年有售，不及下江，更不及广东之佳。"③又如著名作家夏衍先生在重庆时，更将广式月饼作为孩子们的最佳中秋礼物："（一九四五年）九月二十一日，农历中下午三时：赶着坐马车进城，到Y兄处取了一笔稿费，化三千元买了六个广东月饼，为了博得孩子们的高兴，这算是最低限度的点缀了。"④

即便1949年后，广式月饼在上海也是地位不减。且不说至今赫赫有名的冠生园、杏花楼和新雅，像由历史悠久的利男居发展而来的一定好食品厂，也努力把广式月饼发扬光大，在1986年上海市

---

① 张亦庵《苏广月饼》，《新都周刊》1943年第28期。

② 吴学昭整理《吴宓日记》第九册，三联书店1998年版，第183页。

③ 《竺可桢日记》第二册，人民出版社1984年版，第848页。

④ 夏衍《归来琐记》，《大公报》天津版1946年5月19日第4版。

中秋月饼评比中，该厂生产的海球月饼，被评为第一名；1991年被命名为市名特企业，1993年被国内贸易部认证为"中华老字号"企业。①不过郑逸梅老先生在文章中仍然写成利男居，可见广式月饼如何深入一代人之心："在过去，新雅、功德林并不供应月饼。本市较有名的大三元、利男居、杏花楼等数家，如今大三元已不存在，利男居屈居次要，唯杏花楼仍保持领先。在月饼中，广式之所以能压倒群雄，关键在于一是保质期长，二是经得起碰撞。而苏式、潮式、宁式，在此二项上处于不利地位。"②

---

① 《上海饮食服务业志》第一篇《饮食业》第七章《名店名师》，上海社科院出版社2006年版。

② 郑逸梅《先天下之吃而吃》，上海文化出版社2015年版，第64页。

西餐东传，
粤人独占先机。
粤菜北传，
西餐独占先机。

京华番菜醉琼林

1900年6月，八国联军攻入北京，餐饮服务也随军而兴——两个法国人于当年冬天在崇文门内苏州胡同南边路东开了一个小酒馆，次年转让给一个意大利人并迁至东单菜市场的西边后，正式挂出北京饭店的牌匾，这就是北京第一家西餐馆。稍晚，也应运而生了第一家中国人开的西餐馆——醉琼林番菜馆。[1]关于其流变，我在《醉琼林与北京粤菜馆的全盛时代》[2]中颇道其详，然于其起源及初期的具体情形，则不甚了了，殊为遗憾。故继续挖掘材料，积有

---

[1] 《北京志》商业卷《饮食服务志》，北京出版社2008年版，第128页。
[2] 周松芳《醉琼林与北京粤菜馆的全盛时代》，载《粤菜北渐记》，东方出版中心2022年版，第1—10页。

所得，略述如下。

　　醉琼林初起，天津《大公报》就追踪报道，殊为难得。第一则《行乐及时》，是1903年12月10日第2版的报道，直揭某大员在醉琼林宴客，左抱名优，右拥名妓，的确先声夺人，显其高档："十八日晚间有某大员在醉琼林宴客，飞纸招花，侑觞娱宾，一时名优名妓交错一堂，某大员左抱右拥，顾盼自豪，以为行乐及时云。"而能如此及时行乐，与其地处北京著名风月场所八大胡同之一的陕西巷有关，只是第二则报道才提及这一层，并进而说明是粤人所开："近有粤人在陕西巷开设中西合璧饭馆一所，名曰醉琼林，座位雅洁，器皿精良，烹调尤为得法，迥出寻常饭庄餐馆之上，且中西各菜，可任意点取，有一定价目，绝无跑堂算账之弊，一时士大夫皆颇为赞赏，座客常满，非先期预定不可，利在其中。"①报道并言及其菜式特色，即中西合璧，我在《醉琼林与北京粤菜馆的全盛时代》已具言其为"西餐先行"，即以西餐或曰番菜为招徕——中国人如何排外，是不会排西餐的，尤其是中国人自己做的番菜，而且屡成时尚。

　　进一步的追踪报道，则道出老板的姓名冯玉珊："前纪醉琼林中西合璧饭馆一则，兹悉该饭馆系粤人冯玉珊所开设，照应座客，

---

① 《琼林堪醉》，《大公报》天津版1903年12月23日第1版。

格外周到，想其生意将来必较他饭馆兴盛云。"①当然也通过一则轶闻的报道，进一步彰显了醉琼林的档次："某尚书于日前在醉琼林宴客，早晚两席，备极丰腆。有客于席间询及东三省事，尚书顾左右而言他，同座者咸嗤是客之不谙世故云。"②——尚书大人啊，备极丰腆啊——真是很重要的"续纪"。

前述的报道剥笋般揭出老板，后续的报道再进一步剥下去，则具体到厨师了："盖闻醉月坐花，李青莲之高致；琼楼玉宇，苏玉局之豪怀。况当上林春色，分到人间；林下美人，招之在上。醉翁之意亦在酒，近山水而益觉有情；琼林之宴正及时，对春光而喜占及第。方今文明大启，中外一家。胡客来游，相与邀其醉饱；良朋结好，岂惟报以琼瑶。本馆美合东西，品罗满汉。有萧家馔林四卷，擅烹饪之精良，拟晋代竹林七贤；极风流之雅韵，领到异帮风味。定知醉倒崔儦，饱尝山海珍奇，不数琼餐叔夜。地虽乏茂林修竹，此间大可咏觞。客无非琼树瑶林，尚冀常留欢醉。本馆开设北京前门外陕西巷东，准正月初启市。"③

从这种广告，我们也知道醉琼林虽处烟花柳巷之地，本诸时尚，亦求风雅，故达官贵人，燕游聚饮，洵属所宜。比如1905年8

---

① 《琼林续纪》，《大公报》天津版1903年12月27日第2版。
② 《不谙世故》，《大公报》天津版1904年1月30日第2版。
③ 《广东醉琼林唐番小启》，《大公报》天津版1904年2月21日第3版。

醉瓊林唐番小啟

蓋聞醉月間坐花李青蓮之高致瓊樓玉宇蘇玉局之豪懷況當唱對春光而喜占及第方今文明大啟中外一家胡之在上醉翁之意亦其在酒近山水之益覺有情惟報到異邦風味常留歡市醉美及第合東西品羅滿漢有廚饌林四卷擅烹任之精良擬晉竹七賢倜儻風流無非瓊瑤韻領到林春色分倒崔儦飽當山海奇不數瓊餐叔夜雜乏茂林修竹代詠觴客本館開設北京前門外陝西巷路東准正月初六日開歡市醉

《广东醉琼林唐番小启》,《大公报》天津版1904年2月21日第3版

廣
東醉瓊林中西飯菜店

蒙
十商賜顧請移
玉步此佈

本店開設北京正陽門外陝西巷路東准正月初六日開市

本店不惜資本特請外洋等名廚專辦英法大菜西式點心又請南北頭等包辦南北滿漢酒席隨意小酌蒙定唐番小菜西式各菜從廉面議

小心賣賬一概不欠
滴賣油酒洋酒各款俱全無論何項菜味俱有一定價格

《广东醉琼林中西饭菜店》,《大公报》天津版1904年3月28日第4版

廣
謝侬影先生醉瓊林召飲即呈諸老 (梦石瘦人)

稻料桃園棗獨勤○○裙衩多綮酒家樓○○携將草稿抄詩句○○笑遣花枝數酒籌○○白社春瓏東道主○○紅箋剩白故
人投○○何當月夜瓊林宴○○我亦輕衫有影留○○

梦石瘦人《谢侬影先生醉琼林召饮即呈诸老》,《风雅报》1907年第101期。

月7日，新蒙委任的广西府县官员，就是团拜于此："新拣广西差遣委用之知府以下、知县以上各员，于本月初七日在醉琼林番菜馆举行团拜欢会，一时冠盖纵横，联合寅谊，亦官场一团体也。"①更早些时候，据绍英日记，商部官员也曾群饮于此："（1905年2月13日）商部总商会开会，唐蔚翁演说，予亦演说，官商一心，要诚信相孚，并宜合群，讲求集思广益之意。会毕，同署诸君均至醉琼林便饭。"②绍英出身满洲贵族，世代显宦，1903年任新成立的商部右丞。

至于早期去得最多的，当属晚清民国一直位居内阁中枢的杭州名士许宝蘅。据《许宝蘅日记》所附《夬庐居士年谱》，他1906年3月改捐内阁中书，5月开始即频频赴宴醉琼林，且多记席上风流：

1906年5月5日　五钟四十分偕伯兄赴醉琼林，王爵三所约，同座主客十人。

1906年5月7日　六钟十分赴醉琼林，履平、锡侯所约，同坐为李□□、张彦云、王蕙庭、章乙山、吴震修、周荃孙、陆春方，

①　《拣发官员团体》，《大公报》天津版1905年8月12日第2版。
②　张剑整理《绍英日记》，中华书局2019年版，第105页。

召伶侑酒，有名小梧桐者，能琵琶，略能弄弦却不精，歌喉甚粗，在今日已为难得者。尝与仁先谈近世人才，不独政治、文学风流稍歇，即僧侣、倡优亦迥不如昔，可叹。

1906年5月11日　七钟答渔来坐，遂同往醉琼林用西餐，不佳。

1906年5月31日　三钟后访仁先，途遇。偕至醉琼林坐谈两钟之久。

1906年6月9日　五钟至升平园洗浴，楚生约饮醉琼林。

1906年6月20日　六钟余赴醉琼林，石腴所约，同座为张觐侯、刘益斋、张心田、张幼和、王□□、樊郦泉、徐博泉，主客凡九人，觐侯解湖北饷来，心田谈及近购得山谷诗册墨迹绝佳，约迟日往赏鉴。

1906年7月11日　至醉琼林，吴英孙约饮，余到时已散，遂归。

1906年8月改任新设立的京师外城巡警厅警卫处行走，仍不改"旧习"：

1906年9月8日　七钟至醉琼林，一山所约，同座为雷筱秋、吴剑秋、熊秉三、喻志韶，尚有四人问姓名均忘却。

1906年11月8日　六钟半到醉琼林，一山所约，同座为徐季同观察，朱伯平外部，王子谦外部，罗通甫、王晦如、冯伯珏三同年。紫丞在馆，莹甫、仁先、觉先来，建斋、撷珊来。

1907年3月23日　七钟到醉琼林，小侯约饮。

1907年3月28日　六钟到醉琼林，孙仲玙约饮，座皆杭州同乡。

1907年3月29日　七钟到醉琼林，一山所约。

1907年5月13日　四钟到捐局，到警厅，夜到醉琼林，候孙问清不遇。

1907年8月6日　九时到醉琼林，公饯荣叔章。

1907年11月，许宝蘅参加军机处考试，奉记军机章京，位居机要，赴醉琼林渐稀，但也似乎能间接提升醉琼林的档次：

1907年11月13日　三时到杭州馆会议路事，散后到醉琼林夜饭归。

1907年11月24日　傍晚出城，七时到醉琼林，卫生处同人公宴剑秋、莘生，九时半散。

1907年12月13日　七时到醉琼林，菊农所约，十时半散。

1907年12月17日　到醉琼林，静斋所约。

1908年3月7日　仁先来谈，夜同到醉琼林，九时半归。

1909年，许宝蘅以办理光绪皇帝大丧礼获赏四品顶戴，年底还兼任大清银行差事，那上醉琼林就更"容易"了：

1910年1月14日　七时到醉琼林鉴衡约。

1910年1月20日　到醉琼林晚餐。

1910年1月29日　六时到醉琼林，沈蕴石约。

1910年5月9日　午到湖广馆，银行开股东会，二时开会，五时散，照影，随到醉琼林，公饯黎玉屏。

1910年5月23日　二时到行，六时后约劢平、亦奇、鉴衡、公泽到醉琼林晚餐。

1910年5月30日　到醉琼林赴亦奇约。

1910年6月21日　三时到行，六时后虞生约至醉琼林晚餐。

1910年7月2日　二时半到行，七时到醉琼林，伯荃约。

1910年8月14日　偕亦奇到醉琼林，沈保叔约。

1910年8月17日　一时到行，七里到醉琼林，幼苏、伯根、爽夫为保叔饯行。

1910年9月10日　八时偕节庵到醉琼林，亦奇、虞生约，遇王彦诚。

1910年9月22日　八时到醉琼林，为王涤斋、陆真卿接风，涤斋未到，与亦奇、虞生、仲衡、鉴衡、公泽同作主人，饮微醉。

1910年9月26日　到馆，子安、冶芗至，三时偕游东安市场，遇司直谈，五时偕出城冶游，七时到醉琼林赴子玉约，饭后复游。

1911年，大清重定官制，设内阁，废军机处改承宣厅，许宝蘅辞大清银行事而任承宣厅行走，但仍参与一些银行事务，也继续"行走"醉琼林：

1911年1月14日　六时到醉琼林，静斋约，九时后归。

1911年2月20日　一时到行，六时偕劲平、真卿、静斋到醉琼林晚饭，散后冶游。

1911年2月25日　七时到醉琼林，储蓄行公宴。

1911年4月26日　十一时到湖广馆，银行开股东会，五时后散，到醉琼林晚饭。

1911年4月27日　八时到醉琼林晚餐，公则醉，偕归小憩。

1911年4月28日　到醉琼林，储蓄行约。

1911年5月14日　八时到醉琼林，十时归。

1911年5月20日　到醉琼林，仲衡约饮，有节庵同座。

随着辛亥革命的爆发，局势动荡，许宝蘅虽然仍留中枢，1912
年出任袁世凯政府新设国务院秘书，后调铨叙局，1913年改任稽勋
局长，1914年转任内务部考绩司长，等等。总之，由于时事日非，
他的醉琼林之宴也锐减：

　　1913年1月13日　七时半到醉琼林，啸麓约。

　　1914年4月16日　七时出城到醉琼林，周□□约。

　　1915年10月25日　到醉琼林，孙仲华乔年约。[1]

不过醉琼林也应该已经在走下坡路了，因为两年多之后的1917
年初，它就关张倒闭了："启者：兹有北京陕西巷醉琼林饭庄铺底
家具等件，现由该铺主张茂林倒与华丰楼开设饭庄，所有原开醉琼
林存欠账目酒席等票，以及公款私债纠葛不清等事，均有旧主张茂
林铺自行清理，不与新业主相干，恐未周知，特此声明。北京华丰
楼新业主启。"[2]而从这则声明中，我们还可发现，醉琼林的主人，

_____

① 许恪儒整理《许宝蘅日记》，中华书局2010年版，第一册，第73-74、79、
　　81、83、89、100、110、124-125、129、138、152、154、157、159、237、
　　277-279、296-297、300、302、307、312-313、328、333-334、341-342、
　　344、469、483、484、553页。

② 《紧要声明》，《申报》1917年3月18日第4版。

不知何时，已经由冯玉珊变更成张茂林了。而之所以变更，肯定是由于经营不善，当然味道也不可能维持旧有品质；新接手的人，又不能较好地加以改进，以致关张。难怪许宝蘅后来上醉琼林的次数愈来愈少，终至不去。由此我们也可以说，许宝蘅的醉琼林的饮宴史，也堪称醉琼林的兴衰史。

在这种兴衰史中，我们仍有必要回望一下当代著名文献学家王欣夫的父亲王祖询的醉琼林饮宴史，虽然彼时他不过是以1891年优贡出身、1892年朝考一等第一名的资历赴吏部投供候差，尚属微时，不过因为出身江南丝商，家饶资财，故可多上醉琼林，当然与席人物，不会高大上，但也更能说明当日醉琼林是众望所归：

1905年9月4日　偕同寓诸人醉琼林小酌。

1905年10月2日　卢涵久醉琼林，有东海之饮，不及赴，辞之。

1906年1月15日　义兴昌皮局邀饮琼林。

1906年2月3日　莘耕招饮醉琼林，主人好饮，意兴甚豪，醺醺而归。

1906年3月6日　升平园洗澡，迟轶仲傍晚始到，同至醉琼林。轶与辛揆作东道，高朋满座，酒兴甚豪。

1906年4月8日　得韶侄信。晚应隽侯醉琼林之招。

1906 年 5 月 1 日　杏衢招饮醉琼林。

1906 年 5 月 3 日　轶仲招饮醉琼林。

1906 年 7 月 6 日　晚应荃侄醉琼林之约，归已更深。①

只可惜，1906 年冬获选湖北通城知县，11 月 8 日启程赴汉，大受湖广总督张之洞赏识，旋授命赴日考察教育，1917 年秋再赴鄂任，不久即染疫逝于任上，不然，或许他还有机会留下更多的醉琼林宴饮记录。

最后要说一下的是，粤菜馆北上晋京，选择西餐先行，这与粤人早擅其技有关，更与粤宦在京早以西餐待客有关。晚清著名洋务大臣张荫桓就在日记中写到他的舅舅，曾任山东布政使，此刻在山东开采金矿事业日隆的李宗岱，在京以西餐待客之事："（1894 年 5 月 24 日）申正返寓。山舅令亚吉治西馔宴客，丑初散。李佑三自粤来。"②张荫桓的上司兼好友、帝师翁同龢也在日记中说到，早在北京有西餐馆之前，总理衙门即以西餐招待驻外使节了："（1898 年 2 月 16 日）午初到总署，是日宴各国使臣及参随各员，到者六十

---

①　王祖询《蟫庐日记》，凤凰出版社 2016 年版，第 42、45、61、63、69、79、83、91 页。

②　任青、马忠文整理《张荫桓日记》，上海古籍出版社 2004 年版，第 478 页。

人……席用西宾馆洋菜……新年例宴用洋菜，自今年始。"[1]那这些
西餐厨师从哪来？李宗岱家的肯定是粤人，而揆诸当时情形，极大
可能还是粤人。如此，粤菜进京，西餐先行，并且风行，乃是蓄势
而发，应运而生。

---

① 《翁同龢日记》第七卷，中西书局2012年版，第3143页。

学法行其法，用法得其法，
烹饪得其法；
法官断案立法，
亦如变调得法？

郑天锡：
不想当大厨的法学家不是好外交官

广东香山（今中山市）人郑天锡，1916年获伦敦大学学院法学院博士学位，回国后先当律师，后曾任京沪多所大学法学教授、国民政府大理院大法官、司法部次长、国际联盟法官、驻英大使，是著名法学家和外交家。人们更津津乐道的，却是其名厨轶事。

较早纪述这一节的，是著名学者，同时也是中国民主促进会的主要缔造者和首位中央主席马叙伦："崧生福建人，善别味。其庖丁治馔美。时广东郑天锡、黄晦闻、浙江陈伏庐丈及汤尔和、余越园、蒋梦麟，皆与崧生善。有一时间，轮流为东道。每星期一会。限费不多而馔必精美。然唯崧生与天锡家为最佳，天锡且自治馔，材料必校锱铢也。每会高谈大嚼，极酒酣耳热之兴。"①

媒体也佐证此说。有记者回顾早年北京高校教授的生活情形时说："先从法商学院说起：因为这里规模最大，范围最广，人材也最多。大概说来，教授们和高级的职员，多半是北平的高等法官和著名的律师。如现任的司法院正副院长王宠惠博士和石志泉先生，现任的驻英大使郑天锡博士和已故著名大律师刘崇佑先生，现任的最高法官谢瀛洲先生和北京政府时代的司法总长江庸先生……他们还有一种积习：就是讲究饮食和听剧……郑天锡博士除自备优美家厨之外，还能够自己做几个拿手的广东菜，但那是非酒逢知己不轻易吃得到的。"②

同样曾任司法部次长的著名法学家、大书画家余绍宋，更是亲承其惠，亲尝其味：

1921年9月14日　散值后到郑苇庭处应其招宴，肴馔甚精美，酒皆西洋多年名产，甚醇厚，不觉过量。

1922年1月25日　傍晚应郑苇庭之招饮，同座皆粤人，终席未

---

① 马叙伦《石屋余渖》之《刘崧生》，浙江古籍出版社2018年版，第57页。
② 游击记者《三忆北平几位老教授》上，《大公报》香港版1948年11月29日第8版。

尝作官话也。

1923年11月31日　夜陆棣威借郑荪庭家请饮，菜甚好，饮又过量。

1926年2月14日　往王亮畴处、郑荪庭处，在荪庭处中饭，粤人谓之开年，肴馔颇好。[①]

1936年10月，郑天锡当选为国际联盟国际常设法院法官，除1945年短暂回国重任司法行政部次长外，1946年8月即出任中国驻英国大使，1950年1月去职留居英国直至终老。在海外亲承其惠、亲尝其味的记录，更形珍贵。首选的记录，当属同为著名法学家、外交家兼实业家的香山同乡程天固的回忆录。1938年冬，程天固奉命以外交专员名义整顿各驻外使馆，1939年7月6日道经荷兰海牙时，"蒙我国海牙法官郑天锡博士招待。他本藏有法国五十年以上之旧白兰地酒二樽，他本人又是一个素有研究之烹饪家。于我抵达时，他亲自入厨，弄了数味拿手好菜，拿出两樽酒共饮，并说这两樽酒，藏之久矣，今得吾兄到此，知亦善饮者，故与畅饮云云。我在欧洲，多食西餐，今得一享本国风味之嘉肴，和法国陈年之美

---

① 《余绍宋日记》，中华书局1921年版，第197、218、421、539页。

酒，其喜可知。诚孤寂旅行中之一乐也"①。

他出任驻英大使后，轶事更多，媒体也加以渲染报道。中央日报特派伦敦记者徐钟珮说，时任英国外相贝文，常去伦敦中国饭店用餐，但始终不识中国菜单。一天和郑天锡见面谈起中国菜，贝文就说你们有一菜味道正好，非鸡非肉非鸭，他只知道是"第八号"——中国菜馆为怕外国顾客记录菜名麻烦，常把菜单编号，由侍者帮着解释这一号是什么菜。如果顾主碰巧吃到一道合他胃口的，他不必记菜名，只要记好号数，下次进门一说号码，侍者就知道是哪一道菜了。郑天锡听贝文一说，即胸有成竹约他下次到大使馆吃"第八号"。贝文应约前往，一碟端来，立刻认出是他心爱的"第八号"——原来是一盆杂碎。这种广东人发明"忽弄"外国的炒杂碎，在郑天锡这里当然是"湿湿碎"啦。②

不知道这次招待外长贝文，郑天锡是否亲自下厨，报载其曾经为了国事两次亲自下厨："一次是招待克里斯浦夫人，克夫人为援华会主席，对我国关切备致，郑大使乃首次破戒；第二次为招待拉斯基教授，拉氏为郑大使昔年在牛津同学，风雨联床，遂有此雅兴；第三次是招待英首相艾德里，郑大使乃特制此馔表示亲切，英

---

① 《程天固回忆录》，台北龙文出版社1993年版，第383页。
② 徐钟珮《伦敦和我·中国菜馆》，《中央日报周刊》1948年第5期。

伦坛坫间，恒以此为佳话焉。"①至于亲眼见过郑天锡做菜且留下记录的，当只有外交大家顾维钧的夫人黄蕙兰了："许多知名人士，如我已故老友，前驻英大使、国际法院法官郑弗庭（天锡）等人，都是中菜烹调高手。郑一走进中菜馆，厨师就能认出来，并恭请他亲自下厨。他做菜时先配料，但繁复的刀工活总是由他的夫人来做，郑夫人不在场时就由其他女客担当，除了我全都干过。因为我总是借口手笨就躲掉了。"②

他的老乡、原籍广东新会，早年毕业于广州中山大学，后留学美国，曾任美国共和党亚裔总党部主席、美国华侨进出口商会创会名誉会长的陈本昌博士，还说他还以孔孟之道——"食色，性也"——自持，曾著《食论》风行英美。所以当他1970年在伦敦去世时，陈本昌敬挽一联曰："才气纵横如万马，砧坛制胜似千军。"③如此，则轶事亦是盛事。

① 半解《驻英大使郑天锡擅调羹汤》，《海潮周报》1947年第53期。
② 黄蕙兰《没有不散的筵席：顾维钧夫人回忆录》，中国文史出版社2018年版，第260页。
③ 陈本昌《美国华侨餐馆工业》，广西教育出版社1995年版，第236页。

容庚是谭家菜的常客，
或者说谭家的半个主人。
在旅食京华期间，
容庚造访过的东华楼又是何等风味？

东华粤味
——容庚的东华楼食记

容庚先生1922年携《金文编》北上京华，名动学林，顺利留京深造然后，从事研究和教学工作。直到1946年南归，旅食京华长达24年之久。或许由于有家有口，有东莞会馆的地道家乡菜供应，还有顶级的谭家菜可食，虽然也常有市味应酬，却罕见粤菜馆踪迹；一时疏忽，我在《旅食京华：容庚的北平食事及谭瑑青史事考略》[①]还以为从未上过呢。其实细察之下，还是去过一家东华楼（东华饭店）的，而同时学界友人也多有履席，故值得再作缕述。

---

① 参拙作《粤菜北渐记》，东方出版中心2022年版，第24—42页。

今检《容庚北平日记》，他先后去过东华楼12次，集中在1925年，去了10次：

1925年3月8日　赴出版部东华饭店早餐之约。

1925年4月15日　五时苏、钟等来。钟邀往东华饭店晚饭。

1925年4月19日　与苏、钟各人往真光看电影《结婚保险》。邀各人往东华饭店早饭。

1925年4月26日　晨往真光看《巾帼须眉》电影。看毕，施少川邀往东华饭店早餐。

1925年5月17日　早与钟、施往真光看电影《血痕泪影》。钟请往东华饭店饭。

1925年6月3日　与瞿宗心、祖弟请毕业生冯炳奎、周梅羹、黎汝璇、黎翼墀、王荣佳、钟瞰羲在东华饭店晚饭，共化七元二角，每值二元四角。

1925年6月14日　与少川、苏、钟等往真光看电影《燕支虎》。看毕，少川请往东华饭店早饭。

1925年9月20日　与母亲、苏、钟等往真光看《冰山侠影》电影。卢贯邀在东华饭店早饭。

1925年9月27日　八时半往真光看《卖花女》电影。到东华饭店早饭。

　　1925 年 10 月 29 日　　卢瑞邀东华饭店晚饭。饭毕与母亲等回寓。

　　1926 年 1 月 20 日　　七时许苏、钟、张、郑、何来，陈宗圻邀往东华饭店晚饭。饭毕同往老馆。

　　1935 年 1 月 31 日　　十时至平。与三弟等往东华楼午饭。[1]

　　容庚虽然 1922 年即北上京华，但其北平日记却是始于 1925 年，行将从北京大学研究所国学门毕业。其实他刚入学不久即已于 1923 年 1 月兼任研究所临时书记，1924 年 1 月升为事务员，月薪 50 元，生计无虞。1925 年 5 月 27 日起充任交通部咨议，不知有无津贴。1925 年 7 月得罗振玉资助，《金文编》由贻安堂出版，学术地位正式奠定。故 1925 年 9 月 28 日即被聘为国立广东大学文科教授（后辞职未去），因燕京大学挽留 1926 年 3 月 9 日接聘为燕京大学襄教授（位在讲师之上，相当于副教授）。因为有这个背景条件，容庚才能以一介学生而频上餐馆——从日记里看，那么喜欢餐饮交际的顾颉刚，读书时也极少上餐馆的记录。[2]

　　虽然这段生活为北京粤菜馆留下了一笔可贵的史料，但容庚后来却是颇为这种嬉游自责的："十一年（1922）五月，与弟肇祖同

① 夏和顺整理《容庚北平日记》，中华书局 2019 年版，第 14、22、23、24、27、30、32、42、43、48、72、403 页。
② 易新农、夏和顺《容庚传》，花城出版社 2010 年版，第 13 页。

游京师，读书于北京大学研究所国学门，喜与乡人听戏、打牌、看电影、上馆子，每星期率一二日以为常。过此辄自责曰：'汝来北京胡为乎'，未尝不废然而返，其友人有誉之为精于勤，有毁之为荒于嬉者，皆观其片面而非真也。"[①]

这种嬉游，还有一个较大的背景，就是此际粤人特别是莞人北上求学者众，比如在北京大学，"自有大学以来，从四方至，执业肆习其间者，惟广东人最多，亦最勤学。综海内二十二省，合文理法工四分科，共五百余人，而广东居全国六分之一，凡八十有六人"[②]。而燕京大学广东籍学生则更多，共有200多名，几占全校学生四分之一。而有声名者亦夥，如梁启超、陈垣、张荫麟、陈受颐、黄节，以及容庚、商承祚、伦明、容肇祖、罗香林、叶公超等，都是当时或稍后的京城学界翘楚。[③]因此能同乡好友，时时啸聚。

这东华饭店并不是普通的小饭馆，因为著名学者钱玄同，在容庚初入京那年，一出席就称其为大型的"饭庄"，而且是一众名流同去，前后去的次数也与容庚相埒，还在日记中特别注明过其为粤菜馆：

① 容庚《颂斋吉金图录序》，《容庚选集》，天津人民出版社1994年版，第368页。
② 陈黻宸《北京大学分科广东同学录序》，《陈黻宸集》上册，中华书局1995年版，第660页。
③ 易新农、夏和顺《容庚传》，花城出版社2010年版，第30页。

1922年2月18日　午叔平邀食东华饭庄，同席者为麟伯、士远、兼士、幼渔、隅卿诸人。

1922年2月22日　午偕士远在东华饭庄。

1923年4月18　穉孙日内将赴日本，不庵今午在东华饭店（广东馆）给他钱行，邀我作陪。

1924年4月1日　访不庵，与之同至东华晚餐。

1924年5月2日　访不庵，与之同至东华。

1924年5月14日　午后四时访不庵，叔雅亦在，三人同至东华吃饭。

1924年6月11日　与叔平、隅卿同至东华晚餐。

1924年7月2日　与不庵同至东华吃饭。

1924年7月11日　午介石请在东华吃饭，为女师事也。

1933年6月6日　上午两儿来，与"雅"于东华楼。

1933年6月10日　上午两儿来，午同至东华楼雅。

1933年6月14日　上午两儿来……午同他们至东华楼。[①]

---

① 《钱玄同日记》，杨天石主编，北京大学出版社2014年版，第303、394、528、579、583、585、589、592、594、933、934页。

在清华主办研究院国学门的吴宓，也去过几次东华饭店：

1925年3月30日　正午，东华饭店，"唯是"同人请宴，汤、黄（节）在。

1925年8月17日　十二时，至清华同学会，陈熹请宴于东华饭店，遇沈光芷等。

1926年2月8日　偕汤至东华饭店陈熹君宴席中同餐。

有意思的是，清华研究院国学门成立后，作为研究院主任的吴宓首访北大研究院国学门，即由容庚引领介绍："（1925年10月30日）十二时赴欧美同学会用午餐。一时，再访郑奠。由郑君导至北京大学研究所国学门参观，并由容庚、魏建功诸君引导说明，见古器及档案之属。"①

最后我们要谈谈东华楼的"味道"。1937年出版的《北平旅行指南》介绍到广东菜馆，首揭东华楼，并称其经理为欧公祜，创办时间是民国二十年（1931年）一月，拿手菜为蚝油炒香螺、五柳鱼、红烧鲍鱼、干烧鱼，地点在东安门外。此外则介绍了东亚楼，著名菜品为叉烧肉、江米鸡，地点在东安市场；一亚一，代表菜品

---

① 吴学昭整理《吴宓日记》第五册，三联书店1998年版，第12、58、148页。

为鱼粥、鸭粥，地点在八面槽；另有西单商场的新广东和陕西巷的新亚春。①称其创办于1932年1月，显非，因为像钱玄同从1922年到1933年都陆续在去；如果说1932年换了老板，重装开张，倒有可能。

或许是新老板欧公祜更有办法，以至于创造了上海"魔都"一词的日本作家村松梢风在1933年吃过东华楼后，大发感慨，大赞粤菜："在北京逗留期间我也常去吃中国菜，但毕竟是大暑天，不是品尝菜肴的季节。除了东兴楼之外，他们还带我去了吃广东菜的东华楼，前门外的春华楼（北京菜）等几家……说句老实话，在热河每天净吃麦饭和蔬菜的人，来到北京尝到了第一流菜肴时的这种惊叹和满足，是不能作为品评菜肴的标准的。北京菜也好，四川菜也好，中国菜还得推广州的。若以真正的广东菜作比较，这可谓是定论了。首先在奢华的程度上不可相提并论。你只需喝一口汤，便大致可知这菜在什么档次上了。"②

① 马芷庠编，张恨水审定《北平旅行指南》，同文书店1937版，第242页。
② 村松梢风著、徐静波译《中国色彩》，浙江文艺出版社2018年版，第181页。

著名历史学家顾颉刚是出了名的以筵席为著席的人，

那他受聘广州中山大学近两年时间，身兼历史系教授、主任、图书馆中文部主任、

代理语言历史研究所主任等数职，复多旧雨新知，

特别是在"食在广州"的大本营，其宴游记录，可能少吗？能不精彩吗？

顾颉刚广州宴游记

著名史学家顾颉刚曾自谓其流连诗酒，很多是出于工作需要，比如1944年在重庆时，每月四千元的《文史杂志》主编费，便基本用于跟作者在餐馆见面谈稿子了。①是以顾氏成为在日记中留下餐馆记录最多的学者之一。

1927年4月17号，顾颉刚抵达广州，先后任中山大学历史系教授兼主任、图书馆中文部主任，代理语言历史研究所主任等职。因为鲁迅曾出言顾来他走，校方委曲求全，旋派顾氏江南访书，5月17号离穗，10月13号返抵；鲁迅则迅即离穗，于10月3号回到上

---

① 顾潮《顾颉刚年谱》，中国社会科学出版社1993年版，第318页。

海。其实不过一年之后，顾氏也于1929年2月24号离穗北上，在广州的时间，总共也就一年半左右，但留下的饮食记录，却鲜有其他学人所能及。

顾颉刚1927年4月17号凌晨2时才抵达广州，寄居客栈，不遑休整，即访容肇祖（元胎），寻傅斯年，不见，然后"与元胎夫妇及其妹到城隍庙福来居饭"。[①]这福来居可是百年老店。1935年春，江浙籍著名法学家、书画家、方志学家余绍宋，因曾祖父余恩镱宦粤近三十年（1853-1880），姑母嫁与粤人，母亲也系粤人，家族则

广州长堤

① 《顾颉刚日记》，台北联经图书公司2007年版，第2卷第37页。

有七人埋骨于穗，故几番准备之后，特别回来扫墓，并于3月10日"在福来居便饭，此饭店有百余年之久，往闻四叔言，昔日祖父大人与外祖父恒宴集于此，今此店一切装饰犹存古风，惜其堂倌最久者仅四十余年，无有能道五十年前事者，肴馔亦不染时习"①。1928年8月6日再去，则与北京归来的大史学家陈垣（援庵）同席："太玄来，同到福来居……今日同席：援庵先生、太玄、定友、予（以上客），德芸（主）。"还有一次则是小北归来，就食于此："（1928年9月4日）在北门外饮茶，回至城隍庙福来居吃饭。"②

接下来一个月时间，他先寄居容肇祖家，后移寓傅斯年处，当然他们会管饭，但多数时间还是在外宴饮，几无虚日，到西园、东山酒家、太平馆、陆园、八景等知名酒家饮宴15次，到不记名茶食点心铺觅食12次，外出饮茶吃饭共达27次；所尝食物之中，龟苓膏为岭南特产，杏桃粉则今已不闻。其中西园、太平馆尤为有名，一为广州四大酒家之一，一执西餐馆之牛耳，但去得最多的却是东山酒家，一月之内，去了6次：

　　1927年4月18号　起，吃点，算帐出栈。雇车到元胎处。与其

①《余绍宋日记》，中华书局2012年版，第1243页。

②《顾颉刚日记》，台北联经图书公司2007年版，第2卷第193、202页。

夫人步至新宅（寄寓），与元胎同到孟真（傅斯年），晤之。同到东山酒家吃饭。

1927年4月20号　到大新吃点。游西关，逢大雨，到梁财信堂避雨。吃饭。

1927年4月22号　孟真邀到八景酒家，晤绍原。

1927年4月26号　到陆园品茗吃点……到茶馆吃茶点。

1927年4月30号　到元胎家，与之同到西关，买书，到茶香室吃茶点。到真卫生吃饭。

1927年5月1号　与元胎同到西关，吃点。到萃古堂买书。到甜点心铺，吃龟苓膏及杏桃粉。回其家，吃艾饺。

1927年5月3号　到元胎家，与之同出，到北门外，游宝汉里，茗于西盛茶寮之绿野堂。

1927年5月4号　与孟真同到八景酒家赴宴……今晚同席：江绍原、叶良辅、傅孟真、蒋径三、杜定友、何思敬、费鸿年、宋湘舟、徐信孚、予（以上客），朱骝先（中山大学校长）、何仙槎（以上主）。

1927年5月5号　到公园吃茶，饭。

1927年5月6号　仙槎在东山酒楼请吃饭。

1927年5月7号　孟真邀往东山酒家吃饭。

1927年5月8号　到西园，赴宴……今晚同席：黎国昌、陈宗

南、陈功甫、伍叔傥、卢□□、容元胎、予（以上客），伦达如、
关卓云（以上主）。

1927年5月10号　与敬文到陆园吃饭。

1927年5月11号　到东山酒家吃饭……到惠爱中路吃饭。

1927年5月12号　到东山酒家吃饭……到东山酒家吃饭。

1927年5月14号　到元胎处，候元胎归，与其夫妇同出，到
德政街看屋，购物，到南关吃茶。到太平馆，图书馆学术研究会筵
宴也。

1927年5月15号　与元胎同到双门底购物，归其家。复出，到
点心店吃饭。与元胎雇船到芳村……回至长堤，吃茶点。

1927年5月16号　到东山酒家吃饭。[①]

这些知名酒家中，以后都有再去，有的则去过很多次。但1927
年10月13日，顾颉刚重回广州，由于其妻及两女已先期抵穗安家，
故此番没有急于外出就餐，三天之后，才于10月16日应莘田（罗
常培）之邀，"宴于东方酒楼"，却是初来时未曾履席的新酒楼。而
且仿佛取代了东山酒楼似的，此后不再去"东山"，转而频去"东
方"。临别广州前最后的晚餐，就假席东方：

---

① 《顾颉刚日记》，台北联经图书公司2007年版，第2卷第37-40、42-47页。

1928年6月11号　杜太为来，导游农科、东山，到东方酒楼吃饭。

1928年6月30号　林女士来，同到东方酒楼，建中先生邀宴也……今晚同席，陈虞、予夫妇、自珍（以上客），建中、惠贞、林超（以上主）。

1928年7月22号　与莘田、毅生同宴卫西琴于东方酒楼……今晚同席：卫西琴、梁漱溟、杜太为、林××（以上客），莘田、毅生、予（以上主）。

1928年11月30号　定生偕其姊及其学生二人来，邀往东方酒楼吃饭。

1929年2月23号　到校及元胎处，到六榕寺，晦闻先生邀宴也，食二菜即归，孟真邀宴也，到东方酒楼。[①]

这东山酒楼和东方酒楼肯定不会是笔误成的一家，而是如假包换的两家；上一年，郁达夫来中大任教，第一个月就两家都去过，如果晚一点，他们就可以"偶遇"了：

① 《顾颉刚日记》，台北联经图书公司2007年版，第2卷第95、172、178、188、227、256页。

1926年11月19号　一个人在东山酒楼吃了夜饭，就回来睡觉。

1926年11月28号　和潘怀素跑了一个午后，终于在东方酒楼吃了夜饭才回……又遇见王独清，上武陵酒家去饮了半宵，谈了些创造社内幕的天。[①]

有意思的是，顾氏不再去东山酒楼，但一年以后却去了两次东山游泳场赴宴，不知游泳场能吃何种美食，第一次是校长到场，第二次是校长设宴：

1928年7月6号　与履安同到东山游泳池，泽宣邀宴也……今夜同席：朱骝先夫妇、金甫、缉斋、孟真、叔傥、心崧、凌霄、予夫妇（客），泽宣夫妇（主）。

1928年7月8号　与履安同到东山游泳池，骝先先生邀宴也。……今晚同席：孟真、思敬夫妇、泽宣夫妇、缉斋、鹏飞、嵩龄、心崧、翁之龙、赵吉卿、德人、予夫妇（以上客），朱骝先夫妇（主）。[②]

---

①　郭文友注《富春江上神仙侣：郁达夫日记九种》，四川人民出版社1996年版，第9、14页。
②　《顾颉刚日记》，台北联经图书公司2007年版，第2卷第182–183页。

或许由于小别胜新婚，半年多后的夫妻重逢，顾颉刚竟有10日未曾外出就食，直到1927年10月23日，才携妻女与容肇祖及林惠贞"同到第一公园吃茶点"，然后于晚间"到妙奇香，谭震欧邀宴也"。这些都是此前未曾光顾的。妙奇香也是传统的名酒家，创办于1879年，鲁迅在粤时也常去，不过此际他们无由偶遇了。后来又应辛树帜之邀去过一次："（1929年2月8号）树帜邀往妙奇香吃饭。"[①]

到1927年11月，他们外出吃饭的频率就加大了。10号所去的在山泉，是一家老牌的茶楼，前驻意大利公使黄诰1916年就去过七八次。[②]因为老牌，所以值得再三前往：

1928年1月31号　与四穆夫妇、元胎、莘田、斯行健、孟雄同到西濠口，游沙面，到十八甫在山茶室吃点当饭。

1928年11月1号　到元胎处，同到沙基，则赴澳门船须下午四时开，遂赴河南，观伍崇曜宅，断井颓垣，碧池秀木，不胜荒凉之感。吃鱼生粥，回西关，到梁财信。予假寐一小时，同到在山泉吃

① 《顾颉刚日记》，台北联经图书公司2007年版，第2卷第98、249页。
② 《英公使黄诰日记》，《民国稿抄本》第一辑第五册，广东人民出版社2016年版。

点当饭。①

　　1927年11月12号、19号、20号连续三次旧楼新顾——与傅斯年同往东山酒楼，其中第三次乃为戏曲研究大家吴梅父子饯行，请客的是他和罗常培、董作宾和丁山；罗常培是著名语言学家，董作宾则古文字研究"四堂"之一。11月26号，又开始"打卡新店"："启镁邀予及孟真到玉醪春吃饭"，②这玉醪春也是前述西园齐名的酒家；晚清民初的南海诗人胡子晋《广州竹枝词》说："由来好食广州称，菜式家家别样矜。鱼翅干烧银六十，人人休说贵联升。"并自注道："干烧鱼翅每碗六十元。贵联升在西门卫边街，乃著名之老酒楼，然近日如南关之南园，西关之谟觞，惠爱路之玉醪春，亦脍炙人口也。"③玉醪春他后来又去过："（1927年12月1日）与孟真到鹏飞处，谈旅费事，同到玉醪春午饭。"这西园和玉醪春，差不多去年此时，郁达夫也都去过："（1926年12月2日）在夷乘那里，却遇见了伍某，他请我去吃饭，一直到了午后的三时，才从西园酒家出来。"④"（1926年12月5日）午后和同乡者数人去大新天台听京

① 《顾颉刚日记》，台北联经图书公司2007年版，第2卷第129、218页。

② 《顾颉刚日记》，台北联经图书公司2007年版，第2卷第106页。

③ 雷梦水等编《中华竹枝词》，北京古籍出版社1997年版，第2898页。

④ 《顾颉刚日记》，台北联经图书公司2007年版，第2卷第108页。

戏。日暮归来，和仿吾等在玉醪春吃晚饭。"①

紧接着，四大酒家之一的南园也登场了："（1927年11月27号）缉斋邀宴于南园……今晚同席：孟真、今甫、予（客），缉斋（主）。"稍后又再去："（1927年12月4号）到南园，应杭甫等邀宴，为孟真饯行也。"1928年也去过4次，2019年还去过1次：

1928年3月19号　孟真邀请至南园吃饭。金甫同席，谈至九时许归。

1928年4月27号　到南园吃饭，十时归。今日同席：孟真、凌霄、予、金甫（主）。

1928年6月9号　史禄国设宴于南园，十时归。今夜同席：孟真、金甫、丁山、予（客），史禄国夫妇（主）。

1928年11月11号　到南园赴宴……今日同席：赵元任夫妇、莘田、李凤藻、予、孟真。又朱校长在南园设宴欢迎邹海滨，予亦被邀，小坐。

1929年2月2号　到南园，赴叔傥之饯……今午同席：予夫妇、

---

① 郭文友注《富春江上神仙侣：郁达夫日记九种》，四川人民出版社1996年版，第21、24页。

民国广
州南园酒家
外景

凌霄、叔傥夫妇。[1]

南园当然也少不了郁达夫的份：（1926年11月12日）中午去东

山吴某处午膳，膳后同他去访徐小姐，伊新结婚，和她的男人不大

---

[1] 《顾颉刚日记》，台北联经图书公司2007年版，第2卷第107-108、145、
158、168、221、249页。

和睦。陪她和他们玩了半天，在南园吃晚饭，回来后，已经十一点多了。[①]此后，由于广州起义，市面扰攘，避居多日，直到1927年12月24号，始"与缉斋、金甫到越香村吃饭，予作东"。然终不宁靖，频率甚低。但1927年12月31号"与丁山、骥尘到乐园吃饭"，所记个中详情，对我们了解当日茶楼之经营大有裨益："今日到乐园，岩茶每碗三角，鸡丝面一碟七角，馒头两个一角，粽子一只一角。三人茶点，乃至四元许。以票与找，乃以'找续票'找出，此票该肆自发，仍须持至该肆吃茶点也。"所谓"找续票"，当属今日的优惠券之类，诚渊源有自了。乐园既善营销，当然也会再去："（1928年5月27号）太玄游荔枝湾，先到乐园，坐艇游陈廉伯住宅，吃鱼生粥。返乐园，闲谈。至五时许吃饭，六时许归。今日同席：太玄（主）、金甫、绍孟、元胎夫妇、敬文、成志、式湘、林超、帅华浦、黄××、予夫妇及艮男。"只不知此乐园，是否就是1928年12月18日再去的寰乐园："到元胎处，又同到寰乐园，宴李张两君，酬其佛山东道之谊。"[②]寰乐园可是一家老牌酒楼，黄诰当年就多去。

---

① 郭文友注《富春江上神仙侣：郁达夫日记九种》，四川人民出版社1996年版，第6页。

② 《顾颉刚日记》，台北联经图书公司2007年版，第2卷第109、117、168、233页。

转眼到了1928年，新年稍有新气象，也可以说安宁些了，顾颉刚也相对频繁出席宴饮了："（1928年1月5日）与元胎到陆园吃饭。"次日又"到陆园吃饭……一人吃些点心，也费去一元二角半，盖毫洋票跌，物价益昂，一碗肉丝面价至七角也"。此后又再去过3次：

1928年6月18号　与泽宣夫妇、许雨阶、华祖芳同到陆园吃点。

1928年8月4号　与太玄同到陆园，定友设宴也。

1928年10月17号　履安来校，与同到陆园吃点心，到双门底买物。①

陆园顾颉刚去了4次，郁达夫则一月之内去了3次，特别是后2次，有穆木天、白薇、成仿吾，都是著名的作家：

1926年11月13日　在陆园饮茶当夜膳。

1926年11月18日　晚上月亮很大，和木天、白薇去游河，又在陆园饮茶，胸中不快，真闷死人了。

---

① 《顾颉刚日记》，台北联经图书公司2007年版，第2卷第122、174、192、214页。

1926年12月11日　仿吾于晚上来此地，和他及木天诸人在陆园饮茶，接了一封北京的信，心里很是不快活，我们都被周某一人卖了。①

1928年2月8号"偕孟真、金甫到聚丰园吃饭，商量研究所事"。②这聚丰园，乃其家乡风味；广州饮食业老行尊陈培曾经回忆说："汉民路（今北京路）的越香村和越华路的聚丰园菜馆，经营姑苏食品。"③而且甚有名，民国食神谭延闿去吃了之后，大为叫好，还要他的私厨曹四现学现做，仍然称好：

1924年4月8日（三月初五）　偕丹父渡海，径至省长公署，晤萧、吴，邀同步至聚丰园，吃汤包及其他点心、炸酱面，去三元四元，丹甫惠钞。

1926年6月17日（五月初八）　与大毛同食烧饼，曹厨仿聚丰园制也，一咸一甜，尚有似处，吾遂不更饭。④

---

① 郭文友注《富春江上神仙侣：郁达夫日记九种》，四川人民出版社1996年版，第6、9、27页。
② 《顾颉刚日记》，台北联经图书公司2007年版，第2卷第132页。
③ 陈培《北方风味在广州》，《广州文史》第四十一辑《食在广州史话》，广东人民出版社1991年版，第207页。
④ 《谭延闿日记》，中华书局2019年版，第11册第357页、第15册第405页。

1928年3月13日，顾颉刚再度到聚丰园就餐："启镳邀至聚丰园吃饭……今日同席：信甫、予（客），启镳、鸿福、福瑠（主）。"而越香村这家家乡菜馆他也去过："（1927年12月24号）与缉斋、金甫到越香村吃饭，予作东。"①为何日记中只字不提其是故乡风味？远在广州，这姑苏风味，对于浙江籍的著名作家郁达夫来说，也属乡味了，也曾三度光临，包括郁达夫告别广州的饯行宴：

1926年11月9日　晚上聚丰园饮酒，和仿吾他们，谈到半夜才回来。

1926年11月26日　午后五时约学生数人在聚丰园吃饭。

1926年12月13日　晚上仿吾、伯奇饯行，在聚丰园闹了一晚。②

走笔至此，我们发现，顾颉刚跟郁达夫的广州酒楼宴饮重合度甚高，真是作家学人，味有同嗜。而通过下面这则记录，我们更发现，顾颉刚来到广州近一年，从未有一言品评粤菜之优劣，却在1928年3月11号"与履安、两女、仲琴、郑德祥、元胎及其母妻游北园，饭于北郭茶寮"后，始置佳评："今日吃饭，以饭馆在

① 《顾颉刚日记》，台北联经图书公司2007年版，第2卷第145、115页。
② 郭文友注《富春江上神仙侣：郁达夫日记九种》，四川人民出版社1996年版，第5、13、28页。

菜田中，任何羹汤都以油菜作底，清鲜得很。予向不爱吃青菜，今号竟饱啖之。"哎，吃了那么多顶级大酒楼，竟然没感觉？须知他后来还在北京吃过最著名的广东菜——谭家菜呢，日记中载得分明："（1937年6月6日）与履安同赴《史地周刊》宴于太平街谭宅……今午同席：谭琢青、希白夫妇、煨莲夫妇、元胎、八爱、思齐夫妇、致中夫妇、荫麟夫妇、予夫妇。"尝上了味，此后又多有再去：

1928年4月15号　到元胎处，与他及仲琴、式湘同到新北园吃饭。饭后，同到宝汉里外小山竹树间憩息。

1928年4月29号　到莘田处，同到晦闻先生处，出，到孟真处，到北园吃饭，二时许归。

1928年9月4号　在北门外饮茶。

1928年9月5号　与莘田到粤东酒店访黄宾虹先生及定谟。并晤晦闻先生，同出，到北园之白香山馆吃饭。①

北园及宝汉茶寮，郁达夫也是短时间内就去了3次的：

① 《顾颉刚日记》，台北联经图书公司2007年版，第2卷第144页，第3卷第651页，第2卷第154、158、202页。

1926年11月22日　同一位同乡，缓步至北门外去散步，就在北园吃了中饭。

1926年12月8日　早晨，阿梁跑来看我，和他去小北门外，在宝汉茶寮吃饭。

1926年12月11日　和他们出去访同乡叶君，不遇，就和他们去北门外宝汉茶寮吃饭。饭后又去买了一只竹箱，把书籍全部收起了。①

1928年2月19日，顾颉刚参加校长的宴请："到西堤大新公司，骝先先生邀宴也……今晚宴全校教授于大新公司，凡七十余人。"学校当局另一次宴请也是在这类新式大酒店："（1928年10月27号）到亚洲酒店，校长宴全校教员，与孟真同归。"这两家他后来都在此宴过客：

1928年4月10号　宴史禄国于大新公司，请金甫、孟真作陪。

1928年10月20号　与莘田同到亚洲酒店，卫中设宴也……今

① 郭文友注《富春江上神仙侣：郁达夫日记九种》，四川人民出版社1996年版，第11、26、27页。

主楼为民国广州大新公司

晚同席：刘启邠、陈湘文、刘万章、莘田、膺中、予、杜太为、卫中。

　　后来中大的文科学生代表葛毅卿等21人联名请他们一家的别师宴，也是在这种新型酒家——东亚酒店："（1929年2月19号）学生邀至东亚酒店，到海珠公园摄影，还东亚吃饭。九点许散。中大文科学生向无团体，今日竟有此宴，真料不到。"[1]青年学生好新，当

---

① 《顾颉刚日记》，台北联经图书公司2007年版，第2卷第135、217、153、215、254页。

然可以理解，学校向新，也是好事，而向无团体的学生们能自发组织起这么一场谢宴，则令其感动！

1928年3月15号，又一家西关老牌大酒楼登场了："赴观音山，至西关谟觞馆吃饭，到明珠看电影。"1928年3月25号，傅斯年的生日宴也设于西关，不过是在颐苑："孟真明日生日，宴于西关十一甫颐苑，艮男同往。今晚同席：今甫、泽宣、缉斋、叔倜、凌霄、莘田、丁山、予、泽宣夫人、艮男（客），孟真（主）。"颐苑也很老牌，十几年前黄浩常去。以后又去过两次，一次是跟容肇祖这个老广："（1928年6月16号）到元胎处，与元胎夫人、履安同到颐苑，应丁山、莘田之约……今晚同席：金甫、叔倓、缉斋、奇峰、心崧、予夫妇、元胎夫人、毅生、丁山、莘田。"一次是庄泽宣在他临别广州前算是为他作最后的钱行："（1929年2月23日）与履安到叔倓、吉云、莘田、廷梓睹家道别。到西关十一甫颐苑，泽宣等邀宴也……今午同席：梁漱溟、彭一湖、王叔平、莘田、李沧萍、李辛之、予等（以上客），晦闻（主）。"①

食在广州，素菜也美，不仅斋菜中的鼎湖上素和罗汉斋等成为广东名菜，成席的素宴，也为人所向往，顾颉刚在广州期间就去过

---

① 《顾颉刚日记》，台北联经图书公司2007年版，第2卷第145、148、173、256页。

4次，包括临别前夕：

　　1928年4月21号　到校长室，晤仲揆、树帜等，同到六榕寺吃饭。今日同席：仲揆、树帜、金甫、予，孟真（主）

　　1928年11月6号　到六榕寺，赴宴。到中央公园。今日同席：李济之、孟真、予（以上客），绍孟、筠如、淬伯、芳圃（以上主）。

　　1929年2月18号　诸同人邀宴于六榕寺。今晚同席：孟真、予夫妇、自珍（以上客），径三、绍孟、耘僧、淬伯、亚农、瑞甫、刘朝阳夫妇（以上予）。

　　1929年2月23号　到六榕寺，晦闻（黄节）先生邀宴也。[1]

　　即便是素宴，郁达夫都没有错过："（1926年11月20）十点钟去夷乘那里，和他一道去亚洲旅馆看（唐）有壬，托他买三十元钱的燕窝带回北京去。请他们两个在六榕寺吃饭。"不管郁达夫多么不喜欢广州，临别时都在说："行矣广州，不再来了。这一种龌龊腐败的地方，不再来了。我若有成功的一日，我当肃清广州，肃清

---

① 《顾颉刚日记》，台北联经图书公司2007年版，第2卷第156、220、254、256页。

中国。"①但对广州的饮食，却是喜欢的，虽然没有形于言表，但观其在广州仅半年而只留下的四十余日日记中的菜馆酒楼记录，其频率却是远超他处的。试想想，如果他在广州能待个三两年，留下较完整的日记，其所存的广州酒菜馆史料，是鲜有人能及的，包括顾颉刚先生。

顾颉刚先生在广州吃过了传统的顶级酒家西园、南园等，也吃过了乡野风味的北园等，同时连素宴也吃过了多次，还有不能错过的，当然是与苏州船菜齐名而有以过之的紫洞艇，而且深觉其豪奢不亚于传统的顶级酒楼："（1928年4月22号）到式湘处、莘田处。到校，招待诸人。十时，包公共汽车到海珠，上晚香舫……包紫洞艇半号，价只四元。饭菜两桌，只二十二元。价原不贵。但今日总用，乃至五十六元，杂费占三十元（赏钱二元、素菜二元、酒三元六角、水果糖食八元三角、烟一元六角、茶水二元六角、筵席捐两元七角、酒牌五角、粥菜二元二角、包车二元、小船八角）。"并叹曰："此请客之所以难也。"②这也是在广州一年半期间所发的唯一一次感叹——嫌贵的感叹。

再接下来，终于"回到从前"，再去刚到广州时去过的西园

① 　郭文友注《富春江上神仙侣：郁达夫日记九种》，四川人民出版社1996年版，第9、28页。
② 　《顾颉刚日记》，台北联经图书公司2007年版，第2卷第156、184页。

民国广州的紫洞艇

和太平馆。西园只再去过一次："（1928年6月17号）到西园，荫楼、超如设别宴，饭毕到艳芳照相。"[1]太平馆则再去了好几次，应该是在广州去得最多的餐馆了。再去的第一次是黄节请："（1928年7月12日）到太平支馆，黄晦闻先生邀宴也。"第二次是请陈垣："（1928年8月3号）伴援庵先生及其弟子参观图书馆及研究所。到太平馆吃饭……今日同席：援庵先生、定友、太玄（以上客），予（主）。"第三次是携家人去："（1928年12月3号）与定生姊弟、履安、自珍等同到财厅前照相，到太平馆吃饭。"第四次则又大有来

---

① 《顾颉刚日记》，台北联经图书公司2007年版，第2卷第174页。

头了："（1928年12月14号）何叙父来……出至旧太平馆吃饭，谈至两时别。"顾氏在1928年11月25日"赴黄埔军官校，十二时到。参观校长何叙父所藏古物"，对何叙父作了介绍："何遂，号叙父，闽侯人，中将，黄埔军官学校代理校长，甚好古，常识极丰富，谈论极畅。"因对此公印象极深，故在1973年7月，又在日记后补记一段，其中说道："何遂为辛亥时宿将，曾任大名镇守使……北伐之际，驻军河南、陕西，收入较多，大买古物。及其解职，乃将古物捐赠北平图书馆。黄埔军校创于孙中山，以蒋介石为校长，及其离粤，以李济深代之，李又行，乃以何继。渠在军人中，最喜文墨，因此其友多而武少，与予竟为莫逆交。"①因此之故，何遂后来两访中大，顾氏均热情接待，一次在校，另一次仍在太平馆：

1928年12月2号　到校，宴黄埔校长何叙父先生，导观古物、善本室及碑帖室等……今日同席：何叙父、李晓孙、式湘、锡永、绍孟、元胎、仲琴、鹏飞、树帜、应麒、何李两君之子。

1928年12月24号　何叙父来，导观风俗室、档案室、图书馆、生物系。出至旧太平馆吃饭，谈至两时别。

---

① 《顾颉刚日记》，台北联经图书公司2007年版，第2卷第184、192、228、231、225页。

广州第
一家西餐厅
太平馆

在他临别广州前，何遂的饯行宴还是设在太平馆："（1929年
2月20号）叙父邀宴于太平新馆。"并邀请了大戏剧家欧阳予倩：
"今午同席：欧阳予倩、蔡哲生夫妇、黄霖生、瑞甫、叶夏声（竞
生）、谭达仑、叙父夫妇、叶在树（迺奇）。为什么宴席全部设在太
平馆？是否于当年军政要人特别是校长蒋介石特别青睐太平馆有关
呢？最后一次去太平馆，则是应大戏剧家欧阳予倩之邀："（1929年
1月26日）与式湘及卢女士同到太平饭店，欧阳予倩邀宴也。"[①]

有趣的是，郁达夫唯一一次上太平馆，正是在临别广州前夕，
还是跟一个日本人一块："（1926年12月13日）早晨访川上于沙面，

① 《顾颉刚日记》，台北联经图书公司2007年版，第2卷第184、192、228、
231页。

赠我书籍数册。和他去荔枝湾游。回来在太平馆吃鸽子。"①

顾颉刚在广州期间，最亲近的朋友应该是容肇祖了，餐馆宴聚自是常事；他们一块去过的福全馆，今天几乎没人知道了："（1928年8月27号）敬文来，往看莘田夫妇，同到福全馆吃饭……今夜同席：莘田夫妇、元胎夫人、毅生、敬文、坤仪（莘田女）（以上客），予夫妇及二女（主）。"临别广州前不久还去过一次："（1929年2月20号晚）万章来，同到元胎处，又同到福全馆……今晚同席：予夫妇、自珍、元胎、瑞甫（以上客），万章（主）。"②

他们还去过两家至今更无人知无人晓的餐馆，一家是新亦山："（1928年9月15号）履安来校，同到元胎家，又到财厅前新亦山吃饭。"一家是随园："（1929年2月1日）到司后街随园，太冲、杭甫设宴也。"接着我们再说郁达夫，郁达夫还去过好多家顾颉刚未曾光顾的菜馆，比如去过好几次的清一色，这在上海可是很有名头很有故事的粤菜馆，唐鲁孙先生颇道其详，此处不赘：

1926年11月5日　九点钟，去邮局汇钱，顺便在清一色吃了饭。

———————

① 　郭文友注《富春江上神仙侣：郁达夫日记九种》，四川人民出版社1996年版，第28页。

② 　《顾颉刚日记》，台北联经图书公司2007年版，第2卷第199、248页。

1926年11月23日 （去医院看成仿吾）出来至清一色吃夜饭。

1926年11月27日去沙面看书……途中遇今吾，就同他上清一色去吃午饭。

1926年12月6日 在清一色吃午饭。

1926年12月12日 在清一色午膳，膳后返家，遇白薇女士于创造社楼上。

1926年12月14日 与同乡华君，在清一色吃午饭。约他于明天早晨来为我搬行李。①

此外还有杏香、武陵、妙奇奇、别有村、又一村、擎天等酒楼菜馆：

1926年11月23日 同一位广东学生在杏香吃饭。

1926年11月26日 中午与同乡数人，在妙奇奇吃饭。

1926年11月28日 遇见王独清，上武陵酒家去饮了半宵。

1926年12月1日 今朝是失业（辞职）后的第一日……走到创造社出版部广州分部去坐谈，木天和麦小姐接着来了，杂谈了些闲

---

① 郭文友注《富春江上神仙侣：郁达夫日记九种》，四川人民出版社1996年版，第2、11、13、25、27、28页。

天，和他们去别有村吃中饭。

1926年12月6日　在又一春吃晚饭。

1926年12月9日　打（牌）到翌日早晨止，输钱不少，在擎天酒楼。

1926年12月12日　晚上日本联合通信社记者川上政义君宴我于妙奇奇酒楼。[①]

当然去得更多的，还是那些不曾具名的茶楼酒肆：

1926年11月4日　早餐后做《迷羊》，写到午后，写了三千字的光景。头写晕了，就出去上茶楼饮茶。

1926年11月6日　晚上和同事们去饮茶，到十点钟才回来。

1926年11月7日　至创造社分部，遇见了仿吾诸人。在茶楼饮后，同访湖南刘某，打了四圈牌，吃了夜饭，才回寓来。

1926年11月16日　午后赴分部晤仿吾，因即至酒馆饮酒，在席上见了白薇女士。

1926年11月24日　经过女师门前，走向公园旁的饭馆。独酌

---

① 郭文友注《富春江上神仙侣：郁达夫日记九种》，四川人民出版社1996年版，第11、13、14、20、25—27页。

独饮，吃了个痛快，可是又被几个认识的人捉住了，稍觉得头痛。

1926年11月25日　午前又有数人来访，谈到十一点钟，我才出去。喝了一瓶啤酒，吃了一次很满足的中饭。

1926年11月29日　夜和白薇及其他诸人去逛公园，饮茶，到十一点钟才回来。

1926年11月30日　午后无聊之极，幸遇梁某，因即与共访薛姑娘，约她去吃茶，直到三时。回来睡到五时余，出去买酒饮，并与阿梁去洗澡，又回到芳草街吃半夜饭，十一时才回到法校宿舍来睡觉，醉了，大醉了。

1926年12月3日　去西关午膳，膳后坐了小艇，上荔枝湾……在西关十八甫的街上，和郭君别了，走上茶楼去和温君喝了半天茶……晚上又有许多年青的学生及慕我者，设筵于市上，席间遇见了许多生人……白薇女士也在座，我一人喝酒独多，醉了。（后去看电影，然后再送白薇回家）这时候天又开始在下微雨，回学校终究是不成了，不得已就坐了洋车上陈塘的妓窟里去。

1926年12月4日　晚上又在陈塘饮酒，十点钟才回来。

1926年12月7日　午后三时后，到会场去。男女的集拢来为我做三十生辰的，共有二十多人，总算是一时的盛会，酒又喝醉了。晚上在粤东酒楼宿，一晚睡不着，想身世的悲凉，一个人泣到天明。

1926年12月8日　晚上和白薇女士等吃饭，九点前返校。

1926年12月9日　和阿梁及张曼华在一家小饭馆吃饭。

1926年12月10日　阿梁和同乡华岐昌来替我收书，收好了三竹箱。和他们又去那家小饭馆吃了中饭……独清和灵均来访我，就和他们出去，上一家小酒馆饮酒去。

1926年12月14日　晚上请独清和另外两位少年吃夜饭，醉到八分。[①]

　　之所以历数郁达夫所上的这些不具名的小酒馆饮食，是因为饮食市场，高中低档酒楼，总是呈金字塔形分布，顶级酒楼就金字塔顶那么几家，高档酒楼处于金字塔上部，为数也不多，大多数还是入不了文人特别是大作家的笔端的，好在郁达夫有些"无聊"，写下了，换别的人，比如鲁迅，包括顾颉刚，相信很多去了压根儿也没记上。而"食在广州"，其实更多的就是靠这一家家餐馆撑起来的，如果没有这一家家餐馆提供实证的材料，我们回顾当年"食在广州"的盛景，终不免流于奢谈，或者底气不够坚实。

　　1929年2月24日，顾颉刚离穗，到别处再吃粤菜了，而且吃得

---

①　郭文友注《富春江上神仙侣：郁达夫日记九种》，四川人民出版社1996年版，第3、4、8、12、14、15、23—26、28页。

更多更好。但在广州的席上人物，俱一时风流，始终值得我们回望流连。且不说傅斯年（孟真）、黄节（晦闻）、赵元任、罗常培（莘田）、伍叔傥、杨振声（金甫）、容肇祖、钟敬文、欧阳予倩、商承祚（锡永）及李济（济之），这些人后来不成大师也是大家，而此际俱属少壮，云集岭南，于斯地而言，何其幸也，也诚堪为"食在广州"文化"贴金"，而事实很多人的广州音容，早已渺然，如此，则本文之撰述，自有其意义了。再则，通过顾颉刚的席上记录，我们还知道，原来新儒学大师梁漱溟也曾来过广州，当是担任广东省立第一中学校长，并代李济深任广东政治分会建设委员会主席；还有后来西南联大的栋梁中坚郑天挺（毅生），此际当是担任广东建设委员会秘书。其他如庄泽宣、刘万章等，我们在广东的民国史料中常见，人们往往不知其何方神圣，到了顾颉刚席上，却频频亮相，亲切可感。凡此，俱可珍也。

陈寅恪先生说，一个词是一部文化史。一个人亦是。

如果说傅彦长是一部海派粤菜文化史，那更著名的余绍宋，

因其身份地位及与粤人渊源，是一部更精彩的粤菜文化史——

无论官厨市味，皆在味中，故于粤菜识见，远胜时流。

生平第一　知己知味

——余绍宋的粤人情与粤菜缘

余绍宋（1882-1949），字越园，号寒柯，祖籍浙江龙游，生于衢州。1910年日本法政大学毕业回国，以法律科举人授外务部主事。民国元年任浙江公立法政专门学校教务主任兼教习。翌年赴北京，先后任众议院秘书，司法部参事、次长、代理总长、高等文官惩戒委员会委员、北京美术学校校长、北京师范大学教授、司法储材馆教务长等职。后辞职退居杭州。抗战期间应浙江省主席黄绍竑之请出任浙江通志馆馆长，重修《浙江通志》。余氏是近代著名方志学家、鉴赏家、书画家和法学家，传世著述有《书画书录题解》《画法要录》《画法要录二编》《中国画学源流概况》《寒柯堂集》《续修

四库全书艺术类提要》《龙游县志》《重修浙江省通志稿》等，编有
《梁节庵先生遗诗》。

一、粤人情缘

余绍宋因曾祖父余恩镛咸丰三年（1853）大挑（约相当于今日
之选调）一等，以知县铨发广东，历署东莞、德庆、南雄等州县，
升连州知府，补道员督办广东善后局等，至光绪六年（1880）请假
回籍，宦粤近三十年，并与粤人缔结婚姻，乃至子女埋骨于此，留
下深厚的渊源。如嫁女于广东番禺的梁汝乾，虽未逾一年而寡，未
能留下子嗣，以从子即晚清名士兼名宦梁鼎芬的胞弟梁鼎蕃为嗣，
而梁鼎芬十一岁时父母双亡，幸赖余氏抚之如己出，教养兼至，卒
能有成。后来，梁鼎蕃去世，也无子，乃由梁鼎芬子劬谦过继，于
是母子、祖孙关系更为确立，梁鼎芬亦待余氏如生母。余绍宋称余
氏为姑婆，称梁鼎芬为表伯，虽乏血缘而情义不渝，良有以也。比
如余绍宋自日归国，得授外务部主事，即梁鼎芬之力。梁鼎芬死
后，襄理丧事，特别是辑刊《节庵先生遗诗》六卷，殊为不易，最
堪称道。所作《梁格庄会葬图卷》，引首请陈宝琛等三十余家题诗、
题句，更为艺林士林所同珍。①

---

① 鄢卫建《〈梁格庄会葬图〉：余绍宋与梁鼎芬的如烟往事》，《岭南文史》2012
年第4期。

再从他1935年3-4月间到广州扫墓的情形看,他的祖母,大伯父子容并陆氏、张氏伯母,大伯祖并张氏、丁氏伯母均葬在广州:

1935年3月9日 出东门过所谓黄花冈者略一眺望,即驰至眠牛冈……偶闻人言此处离榕树头不远,怵然心动,盖祖母大人墓域距榕树头甚近也……其地名知府垄山冈,墓在半山,攀援始达,亟行展拜,以从未展谒,凡行三跪九叩礼者三,其一次代母亲大人行,一次代爽弟行也。子容大伯墓即在墓下左旁,行礼如仪。

1935年3月14日 得土人何鲸者指示,始知陆氏伯母墓即在企人石下,崭然如新,当上山时以为新冢也,故未审其碑碣,岂知历六十年毫不剥削,亦足见当时工程之坚。继由何鲸领往大伯祖及张氏伯母墓,则在隔山牛乸(粤中俗字,指动物之牝者言)垄,行礼如仪,惟丁氏伯母墓未详,尚待再探。

1935年4月8日 往企人石,张金诡称不知牛乸洞两穴,遂先往指示之。余见满山诸坟皆有人祭扫标识,独张氏伯母之旁一坟委在荆莽,疑为丁氏伯母之兆,令张金往省之,张金略一视即报云是矣……至是,吾家在粤诸墓完全寻得,心中快慰不可言。

同时我们也从此行扫墓的日记中知道,他的母亲也是广州人,母舅、姨丈等亲戚俱在:

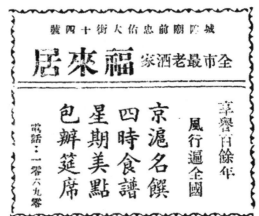

　　1935年3月10日　在福来居便饭，此饭店有百余年之久，往闻四叔言，昔日祖父大人与外祖父恒宴集于此，今此店一切装饰犹存古风，惜其堂倌最久者仅四十余年，无有能道五十年前事者，肴馔亦不染时习。

　　1935年4月5日　母舅来，告以已委潮安缺，此为第一等缺。

　　1935年4月7日　方宅从姨丈方霁亭（光炤）同姨庶叔祖母及小姨母来。①

　　或许因此夤缘，除了与梁鼎芬密切的亲戚关系，余绍宋还与诸

---

① 《余绍宋日记》，中华书局2012年版，第1243、1245、1256、1243、1255页。

多粤人结下了深厚的友谊，特别是曾任北京大学教授、广东省教育厅长、广东通志馆馆长的著名学者黄节，余绍宋在"盖棺定论"的《读亡友黄晦闻〈兼葭楼诗集〉，凄然有感，率题二律，殊未尽所欲言也》诗中推崇备至，称其诗为"三百年来成绝响"。而黄节的临终之言，最见他们的交情之深："君之殁也，余在杭州，以道梗不能往。君之婿李韶清事后为余言，君易箦频呼'请余越园来诀'，闻之怆言。"又在1935年1月24日日记中说："得李韶清电知晦闻逝世，悲恸不可言，眼泪夺眶而出，此是生平第一知己，其相关切相敬爱之情事断断非他人所能及，完全出于其至诚，毫无虚饰，终吾之世恐难得第二人矣，哀哉伤哉，终夕不宁。一时又不能前往一奠，因先复韶清一电唁之，十二时许犹不能成寐。胡子贤复自津来电告知，一时悲从中来，不能自制，呜呼，晦闻感我之深如是，平生友朋生死之戚未有逾此者矣。"

余绍宋乃学法律出身，早期一直在司法界工作，而现代司法作为新学，正是粤人之长，与其事者甚夥，故这方面的粤友也夥，首要的当然是梁启超了，他民国后进司法部任参事近八年，即属梁启超特别关照提携报大总统任命。其次当为罗文干（字钧任，广东番禺籍，牛津大学法律硕士毕业，曾任司法总长）、郑天锡（字茀庭，广东中山籍，曾任司法部次长、驻英大使），以及王宠惠（字亮畴，广东东莞籍，曾留学日本、美国并获耶鲁大学法学博士，历任司法总长、外交总长以及国务总理）、孔希白（字昭炎，广东南海籍，曾任北洋政府司法次长）。与卢信公（广东顺德籍，曾任农商总长和司法总长）、潘安素（广东南海籍，曾任司法部刑事司长）、陈官桃（字公甫，广东东莞籍，曾任河南审判厅长、广东检察长）、罗敷庵（广东顺德籍，曾任教育部、司法部参事）、胡子贤（字祥麟，广东顺德籍，曾任司法部参事、河北高院院长）都颇有往来。此外，还与非司法界的粤籍人士，同样多有往来，如邓实（字秋枚，广东顺德籍，创办《国粹学报》，与黄宾虹编印美学丛书）、江竞庵（字天铎，广东花县籍，曾任农商次长、民国大学校长）、梁卣铭（名宓，广东南海籍，曾任北洋政府国务院秘书长），陈铭枢（字真如，广东合浦籍，曾任广东省主席、国民政府行政院副院长）、陈树人（广东番禺籍，曾任广东民政厅长，著名画家）、朱汝珍（字聘三，广东清远籍，末代榜眼，宣南画社成员）、曾习经（字刚甫，广东揭阳籍，梁鼎芬得意门生，清亡后不仕；《余绍宋日记》1922年4月12日："上午到潮州会馆访曾刚甫，以节庵遗集请其再校，以其为表伯最得意门生也。"），以及陈洵（字述叔，广东新会籍，著名词人）等。①

---

① 李在全《民国北京政府时期法律界的交游网络与职业意识——以余绍宋为中心》，《史林》2017年第6期。

二、粤菜食缘

朋友来了有好酒，好酒好菜待朋友。余绍宋与这些粤籍新知旧友的亲疏程度，其实也可从他们粤菜馆中的酬酢往来的频率见出，这也真是饶有意味的事。

今存余绍宋日记始于1917年，其首记粤菜馆也始于1917年，是北京的桃李园餐厅，且前三次粤菜馆之行均归于此，与席者也正好都是粤人，也堪称同僚：

1917年12月5日　六时到桃李园应胡子贤、潘安素、梁卤铭之招宴。

1918年5月26日　夜阅《明季南略》一二卷，聂燮夫招至桃李园夜宴。

1919年2月13日　七时到桃李园应茀庭之招。①

这桃李园，是继醉琼林中西饭庄之后，北京较早的著名粤菜馆——关于醉琼林，我在《西餐先行：老北京的粤菜馆》②中有专

---

① 《余绍宋日记》，中华书局2012年版，第42、60、96页。
② 周松芳《西餐先行：老北京的粤菜馆》，载《粤菜北渐记》，东方出版中心2022年版，第2-10页。

节描述。大名鼎鼎的杨度即回忆说："广东菜馆，曾在北京为大规模之试验，即民国八九年香厂之桃李园，楼上下有厅二十间，间各有名，装修既精美，布置亦闳敞，全仿广东式，客人之茶碗，均用有盖者，每碗均写明客人之姓氏（广东因为麻风防传染，故饮具无论居家或菜馆妓寮等处，均注明客之姓氏），种种设备均极佳。宴客者趋之若鹜，生涯盛极一时。菜以整桌者为佳，如'红烧鲍鱼'，'罗汉斋'即素什锦，'红烧鱼翅'等均佳。"[1]但回忆是容易出错的。因为《顺天时报》1918年的报道说："大总统（冯国璋）日前在府宴会蒙古王公及特文武各官，早晚宴席需用百余桌，系香坞新开之桃李园粤菜饭庄承办，闻大总统及与宴之王公等颇赞赏菜味之佳美云。"[2]而余绍宋的记录则至少将其开业的时间再前推了一年，堪称京华粤菜馆史的重要一笔。

桃李园之后最重要的北京粤菜馆，当如赵珩先生所说的恩承居了："六十年代以前，北京最有名的广东馆子是恩成（承）居。"恩承居的种种有名，也可参看拙文《西餐先行：老北京的粤菜馆》。恩成居开业时间约在1920年后，余绍宋去得算是比较早的了："（1925年2月28日）孙永年来约往恩成居便饭，饮较多。"去的另

---

① 虎公《都门饮食琐记》之十八，《晨报》1927年1月30第6版。
② "本京新闻"《总统赏识粤菜》，《顺天时报》1918年1月18日第7版。

一家大福祥，则他处从未见载过，又补了首都粤菜馆史一个阙："（1923年6月12日）郑莆庭约中午饮大福祥，粤菜也，亦寻常，<u>鱼生粥</u>尚可口。"至于"（1926年12月3日）夜约心庵、两曹、渭泉、啸云饮粤楼"，则不知具体哪一家了。①

其实，余绍宋在北京吃的最好的粤菜，并非这些鼎鼎有名的粤菜馆之席，而是粤籍好友的家宴，最中之最，当然非谭家菜莫属，余绍宋也具文为证："（1923年1月24日）夜谭瑑青招饮，谭宅粤菜最有名，而尤以制鱼翅为最佳。"并屡屡形于言表："（1923年5月4日）六时半到谭宅吃好菜，王立生、祁劲庵、熊簜青同请也。"依有文字记录可征而言，余绍宋可能是除了容庚之外，被谭瑑青宴请最多的一位：

1923年2月6日　夜黄晦闻、胡子贤、谭瑑青、祁劲庵约在谭宅会饮。

1923年8月31日　晚谭瑑青、王立生招饮，雷雨适至，乃呼汽车去。

1924年1月7日　夜谭瑑青、陈公睦公请，归已十一时。

1925年8月6日　沈季让、谭瑑青约饮。

---

① 《余绍宋日记》，中华书局2012年版，第487、389、576页。

1925年11月22日　谭瑑青招饮。

1926年12月8日　夜邵渔夫约饮致美楼，少坐辞出，应谭瑑青之招。

谭瑑青除了请他吃谭家菜，也还请他吃别店别家的菜：

1923年8月25日　夜谭瑑青、郑天锡两位公请于罗（钧任）宅。

谭瑑青请他，除了粤地渊源、身份地位，也还有书画方面的"臭味相投"：

1923年3月26日　早起为谭瑑青作小幅山水，颇有逸致。

1923年3月30日　为谭瑑青书直帧。

1925年2月25日　七时往机织卫应谭瑑青之招宴。

谭篆青是真的喜欢收藏书画。1926年民国政府迁都南京之后，谭氏失业赋闲在家，经济窘迫，就曾托同乡史学大家、辅仁大学校长陈垣出让藏品："江门手书卷（有木匣）奉尘清赏。任日来颇窘，乞为我玉成之。敬上励耘先生。祖任顿首。（一九二七年一月）

卅。"①所谓"江门手书卷",当为明代大儒江门新会陈献章的书法
作品。

除了谭瑑青的宴请,余绍宋还接受别人之请吃谭家菜,当然主
要是粤人了:

1923年2月7日　晚沈季让在谭宅请饮,表弟来。

1923年6月21日　祁劲庵约谭家夜饮。

1923年10月26日　傍晚罗钧任、王立生邀饮于谭宅,十时
始归。

1923年11月4日　四时半到钱阶平处宴会,今晚何雪航借谭宅
招宴,遂辞未去。

1923年11月23日　周诒先来谈,翊云约在谭瑑青宅夜饮。

1925年11月29日　罗文仲、劳伯善招饮谭瑑青宅,钱阶平、
施伯诒又招饮,连赴三局仍不得饱。

1925年12月5日　夜沈季让、胡文甫、石友儒约在谭瑑青
处饮。②

①　陈智超《陈垣来往书信集》,上海古籍出版社1990年版,第256页。
②　《余绍宋日记》,中华书局2012年版,第345、382、402、349、427、513、
529、577、486、400、358、360、433、390、412、416、420、530、531页。

在被请吃谭家菜的过程中，我们须得留意的一个人是陈公睦，因为饮食文化大家唐鲁孙先生认为，谭家菜与陈公睦甚有渊源："谭篆（瑑）青有位姐姐，他们是祖字辈，名叫祖佩，于归陈公睦。公睦是岭南大儒陈澧（兰甫）先生的文孙，也就是现任驻梵蒂冈教廷大使陈之迈的尊人。陈府是鼎食之家，公睦对割烹之道，素具心得，加上夫人又是一位女易牙，自然陈府的菜，也就卓然成家了。谭篆（瑑）青饕餮成性，有此良师，焉能放过。于是又让自己如夫人带艺投师，拜在姐姐门下细心学习。因此谭的如夫人，一人身兼岭南淮扬两地调夔之妙了。"①除了前述陈公睦请他吃谭家菜外，还曾请他吃过家宴：

1923年10月27日　周诒先来，傍晚尹朝桢来，郑莆庭来，同莆庭往应陈公睦之招宴。

1926年1月8日　夜陈公睦招饮。②

他也请过陈公睦："（1923年10月8日）折柬约江翊云、罗钧任、刘崧生、祁劲庵、郑弗庭、陈吉甫、陈公睦、王立生、谭瑑

① 唐鲁孙《令人难忘的谭家菜》，载《天下味》，广西师范大学出版社2004年版，第136页。
② 《余绍宋日记》，中华书局2012年版，第412、535页。

青、徐心庵、刘放园夜饮。"有来有往，才算是朋友。

同时，我们也须注意到另外一位郑莆庭即郑天锡，广东香山（今中山）人，虽然在烹饪上比不上陈家的钟鸣鼎食，但跟余绍宋关系可是深厚密切得多，而且郑氏转入外交界后，其饮食眼光甚至厨艺，可是声闻海内外的。"以前，叶公超和郑天锡两位先生旅居欧美，身边常有名厨替他们治馔。据作者所知，他们每次请客，不分中西，均事先和大厨师或客人研究喜吃何种菜式？哪类点心？谨慎将事，使得客人乘兴而来，满意而归。"①还曾多次亲自下厨。故余绍宋在京时，除了开头即提及的请他吃桃李园，还曾四次饮宴于郑家，均连连称好。赴廖仲恺之兄廖恩焘之宴，也是应郑之请："（1923年9月20日）夜廖恩焘招饮，号凤舒，初相识，本不愿去，莆庭来约同行，遂应之。"②当然，1928年余绍宋南归之后，郑氏身居国民政府要职，往来饮宴更多，留待后叙。

这里接着要说的是，余绍宋在京期间与其他粤人的宴饮特别是家宴。比如说"食在广州，厨出顺德"，顺德会馆的宴席，当然非常地道了：

---

① ［美］陈本昌《美国华侨餐馆工业》，广西教育出版社1995年版，第236-237页。

② 《余绍宋日记》，中华书局2012年版，第412、408、197、218、421、539、406页。

　　1922年3月5日　傍晚杨吉三（鼎元）、朱聘三、梁伙侯三君请在顺德会馆吃饭，席中皆粤人，幸余能作粤语，不然苦矣。梁思孝也在座，以新编册子（梁文忠表伯遗诗）交其为诠次。

　　1925年11月29日　中午叶柳宅招饮东莞馆，初识康同璧女士，南海之女也，席间谈论时局颇有见到语。

　　余绍宋好粤菜，当然也喜欢粤地的特别菜，比如鱼生，比如蛇胆酒：

　　1923年11月17日　夜罗钧任约食广东鱼生。

　　1925年1月29日　夜陈吉甫招饮，初饮蛇胆酒，味甘。

　　1925年9月23日　夜姚次之招饮，略坐即辞，赴梁秋水处食广东鱼生，坐有陈仲恕，谈至十一时始归。

　　1934年10月26日　晨起即访晦闻，即在其家食鱼生粥，晦闻闻余将归，意颇惆怅。[1]

　　余绍宋北上南下，途经天津期间，去过的两家粤菜馆，未见诸他处有记载，堪称难得的史料：

　　　　　　　　　　　　　　　　　　

① 《余绍宋日记》，中华书局2012年版，第226、530、418、482、519、1208页。

1922年10月26日　十一时钟琴庄、朱煕岑、邓子酉、周伯诚、王介吾、宋延华、李介僧、苏枕山、陈孝侯公请在金菊园食蟹，吃粤菜。餐毕上车，诸君复相送，二时十分南下。

1928年6月12日　夜孙青臣约饮星记，肴馔俱附药品，盖粤味也，亦殊适口。

1934年底北上京华，11月5日再经天津时，所履席的得月饭庄，虽未必是粤菜馆，但还是忍不住加以对比，足见粤菜的"标杆"地位和作用："中午芸夫在得月饭庄盛设肴馔相款，鱼翅一味最佳，不逊粤制也。"[1]此后，余绍宋南归寓杭，开启了粤菜馆的新篇章。当然新篇非全新，旧篇非全旧。比如上海，此前北上南下经过时，友朋往往招饮粤菜馆：

1922年10月29日　夜湛清约饮东亚饭庄食广东菜，食毕同赴大舞台观所谓《狸猫换太子》新剧。

1923年1月3日　夜车湛清招饮东亚饭馆，饭毕又往共舞台看男女合班做新戏。

---

[1]《余绍宋日记》，中华书局2012年版，第325、748、1211页。

1928年辞归杭州，道经上海，自然也不离不了粤菜馆：

1928年7月25日　夜王长信、李晋孚、徐恭典约饮味雅，殊不若去冬远甚。

1928年7月28日　夜莴庭招饮冠生园。

宴聚的也多是老友，比如郑天锡，此际在上海重操律师业，并兼上海东吴大学法学院教授。故他寓杭期间，时作沪游，迎聚最勤的，自然也还是郑天锡，也频见在京时宴聚不多的"生平第一知己"黄节，地点当然除了粤菜馆则是挚友寓庐：

1929年8月4日　晨起与博生同赴车站，作沪渎之游，七时开车，十二时半始到，盖已迟二十分矣，莴庭、慰三、韵泉、恒青来站相迓，莴庭约往新雅食点心，凡食八九种，俱甚适口，莴庭夫人及其子女在彼已久待，殷勤可感……六时始赴东亚，则晦闻已归，把晤至快慰，秋湄适在，遂同赴安乐酒店应莴庭之招，畅饮至十时始返莴寓，又与莴谈至十二时始就寝。

1929年8月5日　午间应慰三之约饮梅园酒家，饮毕，袁书霖、王粲忱约东亚咖啡馆谈冯、吴事。旋访晦闻，晦闻在七层楼陈少白室，少白昔在都亦曾见过，因赴其室谈约一小时，热不可耐，同晦闻来莿庭寓纵谈约三小时，余始知粤事大概及此番晦闻所以辞职之由，相与太息而已。夜应叶誉虎之招赴觉林吃素菜，始识黄宾虹、邓秋枚，十时许返莿寓。

1929年8月6日　夜弗庭复设宴相款，晦闻更申粤志馆事，谓余如不应聘则修志事必停办，否则必为所谓中山大学者所并吞，此时粤中实无人能任兹事，故当局之聘任出于至诚，绝非有所不得已。余终以道远不愿往，虽甚孤其意，亦弗恤矣。

1929年8月8日　九时许访晦闻，遂同秋湄往访黄宾虹……中午同赴新雅吃点……夜王长信、江竞庵合请安乐酒家便饮。

1931年9月17日　（赴上海就医）莿庭上午约去天天酒家便饭，下午于其家设盛馔相款。

期间，郑天锡回拜，也曾相聚于杭州的粤菜馆：

1929年7月8日　午刻赴聚贤馆与莿庭小饮，雇画舫先游三潭印月……

1931年11月19日　夜约莿庭饮聚贤馆，姬人同往，外客仅雪江。

1932年1月，郑天锡出任国民政府司法行政部常任次长，7月改任司法行政部政务次长，期间，出差杭州，余绍宋也在当地的粤菜馆招待他，诚可谓粤菜情深：

1936年6月23日　约莆庭饮钱唐粤菜馆，招烈荪、延华作陪。

1936年6月24日　烈荪、延华约莆庭饮钱唐，约余往陪，饮毕莆来寓。

情深所至，郑天锡1936年10月当选为国际联盟荷兰海牙国际常设法院法官，12月初临行前夕，余绍宋亲往南京话别，别宴仍设粤菜馆：

1936年12月5日　郑莆庭将出任国际法庭推事，今日特往南京与之话别。

1936年12月6日　十时莆庭、卣铭来，约往明陵、谭墓、灵谷寺、无梁殿等处一游，一时到广州酒家便饭。

1936年12月8日　中午莆庭约饮广州酒家，饮毕摄影留念，莆庭、毅安与余三人也。

而此前余绍宋1934年途经南京，1937年应邀赴南京审查故宫博物院所藏书画，借老友罗文干等的粤菜馆之宴，次第结识一众粤籍书画家，大有相见恨晚之感，诚粤人情与粤菜缘的又一佳例：

1934年9月25日　中午钧任约饮广州酒家，初识陈树人，一见如故，气味极好，虽为贵人，毫无习气，真吾辈中人也。饮毕同苇庭赴其寓，畅谈五小时之久，积愫为之一伸矣。苇庭近颇致力于中国旧学，读其与毅安书，亦颇有独到处，可敬也。

1934年11月7日　七时应罗敷庵之招宴，座客皆画家，粤人陈荆鸿、黄少强、赵少昂，浦江人张书旂，皆少年画家也，皆来此开所谓展览会者。

1937年3月17日　入安乐酒家寓宿，明翼约往广州酒家便饭。

1937年3月21日　赴故宫博物院审查，至午而毕。趋车赴广州酒家应王亮畴之招宴。

1937年4月20日　七时赴张秉三广东酒家之约。①

三、粤地行谊

1935年春上，余绍宋赴粤扫墓，则其粤人情与粤菜缘并臻高境，因为此行，不独扫墓，还包括见过在母舅姨表等亲友与友好故

---

① 《余绍宋日记》，中华书局2012年版，第326、341、762、763、830、834、835、971、1057、1363、1397、1196、1213、1413、1414、1421页。

旧，特别是竭力妥为处理黄节身后事宜，令人感动：

1935年3月12日　李韶清来久谈，因晦闻山地已定，图书馆亦允为收存书籍，其他各事亦俱有办法，特作书与仲恕、夷初诸君言之。

1935年3月25日　李韶清来谈为晦公葬费事，晦公夫人属函达仲恕、夷初、平甫，许之。

黄节最后的墓志铭，也是余绍宋亲书："（1935年12月4日）为晦闻书墓志，不觉潸然，志为章太炎作，文极佳，惜于其生平志事多未尽也。"[①]然而，这并不妨碍此行为美食之旅；清明故系祭祀先人的节日，寓有悲戚之意，但戚后欢颜，也是题中应有之义，比如粤中以祭肉享小儿冀其聪明，即其一例；清明祭祖烧猪，做工甚繁，其味甚美，当然不仅为享先人也。这一趟的美食之旅，始于香港，及于肇庆，从海鲜到河鲜，从大餐到茶点，无不有适口之欢，尤其是百年老店福来居，不仅在民初的《英公使黄诰日记》多有呈现，更是他祖父与外祖父的游宴之地，此情此味，最堪记忆：

---

① 《余绍宋日记》，中华书局2012年版，第1244、1251、1323页。

1935年3月4日　源丈约巡行街市，繁盛似尤胜于沪渎。有戴永庆者，亦在港营药业，约往金陵酒家宵夜，烟赌娼三者俱备，真化外也。

1935年3月5日　唐天如来，约往金龙酒家，电招陈真如至，始识区大任。……下山赴香港仔，犹是旧时风物，盖香港未割让英国以前，本以是处为市集，土人皆居于是，俱以渔为业，对岸村市渔舟来往尚仍旧式。源丈约至镇海楼食鱼鲜，各类至繁，询该店中今日所有海鲜名目，辄举数十种以对，约记之，如所谓七日鲜、石斑、方利、细鳞、红油、火点、连占、青衣、泥黄、三刀、生带子、华美、富曹、金古、三须、尸公、鸡鱼、石梁头、老虎之属，不能悉记，亦俱土名，未详其本名也。命其取数种来观，则五色斑斓，多生平所未睹者，随食数种，味香鲜美。

1935年3月6日　未明抵广州，泊西濠口。沧萍并晦闻三子一女俱来迎……午刻雨，节若约往谟觞酒家便饭……五时归寓，李沧萍、韶清昆仲来，欧鼎彝来，鼎彝约饮金轮酒家。

1935年3月8日　在新宝汉食中饭，黄鸡白酒，亦饶野趣。

1935年3月9日　赴味余茶室吃点心，亦粤俗也。点心种类甚多，每一星期必易品目，任点数种，靡不适口。

1935年3月10日　在福来居便饭，此饭店有百余年之久，往闻四叔言，昔日祖父大人与外祖父恒宴集于此，今此店一切装饰犹存古风，惜其堂倌最久者仅四十余年，无有能道五十年前事者，肴馔亦不染时习。

1935年3月12日　傍晚同子静、哲生赴笑霞酒店食鱼鲜，有嘉鱼一种，味极鲜美。

1935年3月24日　罗节若来，约往南园中饭。

1935年3月29日　（鼎湖之游）在（市区）沿堤酒楼中便饮，暮霭迷茫，几忘旅行之倦。食所谓鲶鱼者良佳，肇庆食物中有裹蒸粽极有名，子静必欲得之，味殊甘美。

1935年3月31日　夜钟玉约饮文园，知孔希白归粤，寻相见。

1935年4月1日　张哲宸约往陶陶居饮茶。粤中近来饮早茶风气大盛，颇闻昔日士夫所不往，今则不然矣。茶居之建筑设备皆非一二十万不办，此亦风气奢侈之一端。中午旧国立北京专门学校学生公请，在小北登峰路北园宴集。

1935年4月8日　过沙和，哲宸言此地米粉最有名，乃下车至义和茶居休息，一尝其味，实亦寻常。

1935年4月13日　夜徐容舟招饮河南悦馨酒家。①

---

① 《余绍宋日记》，中华书局2012年版，第1241、1243、1244、1251、1252、1253、1256、1259页。

民国时期的广
州著名茶楼陶陶居

四、并为知己

最后我们要说说余绍宋在杭州的粤菜馆生活；特别是他屡赞粤菜馆的同时，痛贬杭州菜，可谓既视粤人为生平第一知己，也视粤菜为生平第一知味：

1929年8月1日　心庵来。夜饮福禄寿，肴馔殊不佳，大抵杭人不讲究饮食，故无好酒馆也。

　　1932年3月15日　下午鱼占、潜修、厚斋、砺深先后来谈，厚斋五十岁，约饮天香楼，杭州最近有名酒馆也，肴馔至恶劣。

　　1932年11月21日　中午张醉石招饮天香楼，肴馔至恶劣而负盛名，殊不可解。[①]

　　余绍宋首尝杭州粤菜，是叫的"外卖"——粤菜馆传统的"上门到会"，今日仍行，比如每年的龙舟席，基本上依此而行——并连续吃了两三次，只是不知道这广东馆叫什么名字：

　　1928年12月5日　傍晚十叔同心庵来，留夜饭，向广东馆取边炉来，围炉把盏，亦一时之乐事也。

　　1929年1月8日　十叔来，留夜饮，吃广东边炉。

　　1929年1月9日　中午再吃边炉，十叔、心庵同至，十叔并携菜来，又约砺深来饮。[②]

　　打边炉，近乎吃火锅，诚粤菜馆之特色，尤其是在早期的京沪，也最显余绍宋半个粤人的特征——外地人是不太会用"打边

---

① 《余绍宋日记》，中华书局2012年版，第833、999、1058页。

② 《余绍宋日记》，中华书局2012年版，第789、795页。

炉"这一方言的。比如20世纪初期辰桥的《申江百咏》里说："清
宵何处觅清娱,烧起红泥小火炉。吃到鱼生诗兴动,此间可惜不西
湖。"并自注曰:"广东销夜店,开张自幕刻起至天明止,日高三丈
皆酣睡矣。冬夜最宜,每席上置红泥火炉,浸鱼生于小镶中。且鱼
生之美,不下杭州西子湖,尤为可爱。"①清宵清娱,找来找去,还
是只好找广东馆子。到清末民初朱谦甫的《海上竹枝词》也说:
"冬日红泥小红炉,清汤菠菜味诚腴。生鱼生鸭生鸡片,可作消寒
九九图。"②在北京,谭延闿则称之为广东锅:

> 1913年12月3日　同黎、梅、危至天然居吃广东大锅,饮
尽醉。
>
> 1913年12月11日　同黎九梅、危至天然居饭广东锅,尚佳,
有清炖牛鞭,则无敢下箸者,亦好奇之蔽也。③

这家外卖的广东馆子应该就是聚贤馆,因为余绍宋是年晚些时

---

① 载顾炳权编著《上海洋场竹枝词》,上海书店2018年版,第97页。
② 朱谦甫《海上光复竹枝词·海上竹枝词》,上海民国第一图书局1912年版,
第10页。
③ 《谭延闿日记》,中华书局2019年版,第2册第392、397页。

候连续去过两次：

1929年7月8日　午刻赴聚贤馆与苇庭小饮，雇画舫先游三潭
印月……

1929年9月14日　夜卓超约饮聚贤馆。

1929年3月17日"夜渭泉约饮聚仙馆"的聚仙馆，疑即此聚贤
馆，因为之后此名从未再现，且只一字之误，而音亦十分相近。[①]
聚贤馆之为粤菜馆，商务印书馆1935版《西湖游览指南·酒馆》
（第110页）中有明确记载："广东聚贤馆，花市路。"此后，聚贤馆
就成了他主要的接待菜馆：

1930年5月30日　魏渭泉忽自宁波来……巫为延王邀达诊治，
又招宋延华来，诊毕同往聚贤馆便饭。

1931年8月31日　延华、砺深、厚斋、沈培滋、曾伯猷、周延
龄来，延龄约往聚贤馆便饮。

1934年6月18日　徐沧一、黄萍孙、刘仲夷先后来，博生自香
湖来，夜微雨，同往聚贤馆便饭。

---

① 《余绍宋日记》，中华书局2012年版，第830、840、806页。

1934年8月5日　下午鲁长葆来自衢州……因约往聚贤馆便饭。

1936年12月29日　胡韵琴自江山来，约往聚贤馆午餐，三时辞赴北平。

1936年1月11日　傍晚仲夷来，王超凡来，因约赴聚贤馆便饭。

1936年6月1日　夜约胡振岳、毛皋坤、童果行及博生饮聚贤馆。

1936年7月18日　诸葛源生丈来，马夷初自北平来。约十叔来，同赴聚贤馆为源丈洗尘，招王孚川、徐子青作陪，博弟、意儿同往。

1936年7月23日　博弟约饮聚贤馆。

1936年8月4日　约砺深赴聚贤馆午饭，招鱼占、傲仁陪之，巽初适来谈，遂约同往。

1936年8月6日　南章来求作篯，即对之挥毫，书作大草，画作墨竹，均称意，约南章饮聚贤馆。

1936年9月20日　约王晓籁饮聚贤馆，招乃兄邈达与烈苏、延华作陪。

1936年9月27日　刘崧生之世兄准业今在浙江大学充教授，傍晚来见，因约往聚贤馆便饭。

1936年11月8日　夜约心庵、馨山、心水、达先、炎生、晴川、十叔饮聚贤馆。

　　1937年2月28日　循例赴东皋社集，夜郑崇瑞约饮聚贤馆，微醺而归。

　　1937年6月30日　渭泉眷属阻水滞杭寓吾家，今晚特在聚贤馆设席款之。

　　1937年7月3日　中午宴立庵、仁杰于聚贤馆，晚博生、果行、志西亦设宴相款，约余作陪。

　　1937年7月9日　夜约汴客饮聚贤馆。[①]

　　随着新的粤菜馆钱唐开出，他又频频"打卡新店"，且不嫌贵，经常举家前往，实是真爱：

　　1936年4月15日　夜博生约饮新开粤菜馆名钱唐者，肴馔不恶，惟价甚昂。

　　1936年4月19日　崔曙东来，黄萍荪来不值，以赴粤菜馆饮茶也。

　　1936年6月5日　同姬人赴钱唐粤菜馆饮茶，约渭泉同来。

---

① 《余绍宋日记》，中华书局2012年版，第886、1031、1178、1291、1301、
　　1331、1359、1368、1369、1375、1376、1385、1386、1394、1410、1436、
　　1437页。

1936年6月23日　约莘庭饮钱唐粤菜馆，招烈荪、延华作陪。

1936年6月24日　烈荪、延华约莘庭饮钱唐，约余往陪，饮毕莘来寓。

1936年6月26日　周俊甫即日须返龙游，因约往粤菜馆早点。

1936年7月2日　晨起赴钱唐粤菜馆早点。

1936年7月26日　晨率儿辈赴钱唐早点，十叔适来，遂同往。

1936年9月21日　晨约荫庭、承达、书麟赴钱唐粤菜馆吃早点。

1936年9月22日　陈伯衡、邵裴子同尹志仁来，志仁约赴钱唐菜馆便饮。

1936年9月23日　晨起约渭泉食粤菜馆早点即归。

1937年3月3日　中午孙傲仁约饮钱唐，匆匆一往即归……晚仲夷约饮钱唐，饮毕复赴砺深家看字画。

1937年3月7日　郑烈荪约饮钱唐粤菜馆。

1937年4月7日　夜同姬人赴新中国粤菜馆便饭，荆人率二子归家，爽弟送之。

1937年5月5日　同渭泉赴粤酒馆食早点，高鱼占、王鲲徙来。

1937年5月9日　同渭泉父子、博生诸人饮钱唐粤菜馆。

1937年5月11日　毛子正自梧州来见，傍晚延华来谈，约往钱唐便饭。

还间或去过一家中央粤菜馆，因菜不好，便不复去："（1931年9月16日）十叔、心庵、砺深至，筠彦因约赴中央粤菜馆小饮，肴馔直不堪下咽，杭州真无一好酒馆，亦一憾事。"[1]至于大名鼎鼎的冠生园，钱南扬先生都去过，余绍宋先生却没去过，堪称一奇："（1937年2月10日）晚，携珂儿、琬儿膳冠生园……（15日）晚，膳冠生园，联华看电影。"[2]

此后，抗战军兴，故人星散，余绍宋也避地乡间，战后归来，百废待兴，而他也不久就告别人世，无论粤人情还是粤菜缘，都成遗响，但也实堪长记久忆——这些粤菜馆，还有几人知道，几人忆及？

---

[1] 《余绍宋日记》，中华书局2012年版，第1347、1360、1363、1364、1365、1370、1385、1386、1411、1418、1425、1426、1035页。

[2] 钱南扬《杭州日记》，《青年界》1937年第12卷第1期。

谭延闿系出豪门，会元出身，旧学修养极佳，而又倾心西学，
一度经年坚持学英语，每日三四小时。
当然也好吃西餐，且颇厌不中不西之番菜，而求地道之西餐，
谭氏于粤地西餐，从无啧言，可见其爱，可见其贵。

民国食神吃番菜
——谭延闿的西餐故事

　　谭延闿的谭府菜，未必味甲民国，一定声甲民国。我在决定开始谈谭延闿的饮食故事之前，先写了篇《谭延闿学英语》刊于《证券时报》2021年8月31日专栏版，虽枨触于时，也势所必然。谭延闿学英语，与他对西方事物的真赏是有关系的，其中就包括西餐。他日记中的第一次饮食记录，正是西餐，不过是中式西餐——番菜："1895年9月22日（民国前日记均用农历，下同）抵上海耶松怡和码头，人和陈账房来，坐一刻，即与之同辅砚乘马车登岸。至人和见应子均，购衣，与陈三人至一品香食番菜。"

　　此际的谭延闿也是初出茅庐，年方十七，奉命至南昌迎娶江西

布政使方右铭之女，然后抵沪乘海轮南下广州，随侍不久前调任两广总督的父亲谭钟麟。第二天上船前"复至人和，至一品香番菜"。两日之内必有至其他餐馆，而一字不及，看来对初尝的番菜情有独钟。所以27日抵达香港，第一顿饭也是番菜，"乘舆至华人大餐房大食"。①

此后，直到1904年北上赶考，才再有《甲辰北行日记》。一路经行，并不记饮食事宜，唯至上海始记，首先品尝的仍是上番菜馆："4月22日：十一点钟到上海，住大方栈。偕枚长游张园，遇戴遂庵、范任卿、梁鼎父、俞慎修……出至海天邨饭。"②海天邨乃1903年新开的番菜馆，位于四马路粤人聚居区，大抵粤人所开："本馆开设上海四马路中市望平街口，朝南新造高大洋房，聘请头等名厨，精制各国大菜，奇味糕点，百色俱全，房间清洁，装潢华丽，侍者伺候周到。择五月初四日开张，先此奉闻。"③

抵京之后，殿试之前，除了会馆饮食及偶上便宜坊外，鲜少上酒楼的记录，直到5月28日考毕，29日获知名列朝考一等第一名，才开始大吃，而吃的仍是番菜："（6月1日）林次煌邀出游，与佩之、慎安俱饮于清华楼番菜馆，座有李子谛。"6月18日又有再去：

---

① 《谭延闿日记》，中华书局2019年版，第1册第13、15页。

② 《谭延闿日记》，中华书局2019年版，第1册第29页。

③ 《新开海天邨荟记番菜馆》，《申报》1903年5月30日第10版。

"陈仲明以取一等，招饮清华楼番菜馆。座有慎安、丽资、肇生凡五人。"①

然而，直到1911年入京参与预备立宪，他的吃西餐的境界才得到真正的大幅度提升："（1911年6月20日）至六国饭店，朱八、左十一先在。菜极精美，无大餐腥膻之习，又无中餐秽浊之色，真法国之菜也。"②这则日记，充分"暴露"了他的底色——与真正的西餐特别是法国西餐（可惜他没有吃过意大利西餐，不然或许也可以加上）相比，中餐和中式西餐都不在话下。诚如此，那他的谭府菜中，一定可以找到西餐的元素或因子，这点是谭府菜研究者所必须加以注意的。再说谭延闿之所以这么晚才吃到正宗西餐，是因为他不好彩——上次进京是1904年，而六国饭店1905年才建。

虽然上海的纯粹西洋饭店早就建起来了，但直到1918年3月27日，谭延闿才有上正宗西餐馆的记录呢："至朱九家，承之亦来，少坐。同出至恰尔登饭店，大武随至。同餐，菜尚佳，胜诸中国番菜馆也。"大约是朋友"坑"他，未曾引其前往吧。总之，无论京沪西餐，他都崇尚正宗，不比普通国人，以为番菜更为适口。连入乡随俗带了"中味"的所谓正宗西餐，他也同样不喜欢："（1918

---

① 《谭延闿日记》，中华书局2019年版，第1册第41、47页。
② 《谭延闿日记》，中华书局2019年版，第1册第374页。

年4月3日）以马车至哈同花园，西林请客，自张敬舆、谷九峰以外均集。西餐有中味者，饮数杯而散。"①而中式的番菜，更是费而不惠——味道不正："（1917年10月9日）与澍蕃、凤光同车至一品香毓昆寓中，大武、吕、宋皆在，咏仪后来，遂登楼同饮。菜皆点食，而费十七元余，可谓贵矣。""（1918年4月3日）独往一品香请客，陆朗斋、张敬舆、冷誉秋、岑心叔、彭静仁、张岳军、耿鹗生、黄英伯、吕习恒、蒋雨岩、金仲孙。菜不佳而甚贵，去五十元矣。"②

上海尚且如此，青岛更是不堪，所以，在旅居青岛的岁月中，只去过番菜馆一次，还是在中餐馆爆满无处觅食的情形下："（1914年2月15日）已暝，至数酒楼皆以客满谢，最后至岭海春吃番菜。"但在青岛至上海的西江号洋轮上，却意外地吃过一次他喜欢的带"华"味的西餐："（1914年2月25日）独坐早餐，视同西人，食有矜肆之别矣。一麦粉（即米溲）、一小鱼、一火腿蛋，与昨晚大餐皆有华味，问之，则云法式，知天下有同嗜也。"③原来此"华"味非彼"华"味，乃味比"华"味的"法味"——法国大餐，名不虚传！

① 《谭延闿日记》，中华书局2019年版，第5册第484、491页。
② 《谭延闿日记》，中华书局2019年版，第5册第186、491页。
③ 《谭延闿日记》，中华书局2019年版，第2册第501、511页。

谭延闿好吃西餐，也好饮洋酒，即便湖南永州军次，也时时得饮洋酒。如："（1919年2月20日）舆至护字营司令部，护芳招饮。松坚、冠军、吕满、宏群、宋满、甫田、张弼青、仇亦山、陈宪岷、陈漱泉同座。饮勃兰地，尽四瓶而止。"在上海，吃川菜，更大饮："（1922年6月13日）七时，出至都益处，谭月波招饮，岸棱、子武、吕、岳、邹剑盘、刘讱庵，又一刘姓，则不知何人。饮勃兰地约十二杯。"还曾获饮六十年醇酿，真是稀罕："（1922年11月23日）午，同大武赴陶乐春张毓鲲之招，俞三、龙八、岳闳群、李抱冰、张石侯、易莆煮、石醉六、吕满同坐。饮六十年勃兰地，为尽两杯。"①及再至广州，任孙中山大元帅府内务部长、建设部长兼大本营秘书长等职期间，更是多吃西餐，多饮洋酒。先是吃到地道日本料理："（1923年3月2日）七时醒：偕沧白至沙面，赴日本藤田领事之招……菜则日本料理，精洁可食，胜沪上六三园多矣。"及见自诩岭南饮食第一也深孚众望的同年江孔殷江太史，竟然也饷以正宗法国白兰地，并瑞典酱油，可见"食在广州"之西餐渊源："（1923年3月25日）晨七时醒：偕彭德尊、岳宏群、曙邨，以汽船至花埭游两花园，皆所谓南方地瘴蕃草木者，无可观也。欲访荔枝湾，潮落水浅，不能去，而邀至河南。彭德尊去，余与岳、曙步登

---

① 《谭延闿日记》，中华书局2019年版，第6册第323页，第9册第46、209页。

岸，历漱珠桥至同德里，访江霞公，相见大喜。以拿破仑之勃兰地见饷……坐至晡，携酒及酱油归。江侈陈瑞典酱油之妙。"①

稍后则开始大吃广州西餐，尤其是太平馆及其烧鸽子："（1923年5月19日）七时半醒。同纫秋、廪丞同邀映波，以车至太平沙旧街之最宽者，如到新坡子街也。入太平馆，馆以烧鸽子著名，人食两头，肥美果异寻常。又有所谓葡国鸡，杂芋、葱同烹，亦尚可食，人费近三元。"②

文献所见，谭延闿对中国西餐的真正赞美，自广州始，自太平馆始，甚至可以说自太平馆的鸽子始。所以，嗣后便频去，且必食鸽子：

1923年6月24日　偕沧白同至江防司令部见范小泉，范今日以三千元买一雏鬟，南通人，自上海来者，尚不讨厌。邀同至太平馆吃鸽子，饮红酒、啤酒。

1923年7月1日　晚，偕介石、沧白、绍曾、纫秋同渡至太平

① 《谭延闿日记》，中华书局2019年版，第9册第387-388、435页。谭延闿到后来，甚至觉得西化了日本酱油也挺好："1926年8月21日：出至建实寓，吕满、绳、康、秋先在，小饮，食日本酱油鲍鱼，甚佳。"《谭延闿日记》，中华书局2019年版，第16册第85页。

② 《谭延闿日记》，中华书局2019年版，第10册第37-38页。

馆，入则无坐处，隔坐有人出邀，入则李和生（字遂初）也……人食二鸽，饮白兰地二杯，亦颇觉饱。

1923年11月19日　莫阶以太平馆烧鸽见款，佐以西餐。食罢，略坐乃归。

1924年1月7日　八时醒。出至太平馆，路丹父请客。曲、陈、柏、谢外，则宋、鲁、谢、吴、陈、吉堂、毓昆、伯雄、张弼青，注重吃鸽子，余独食四鸽，张、柏皆三，余皆二而止。

1924年1月15日　八时醒。至太平馆，丁象益、张国森请客，皆大本营副官也。曲伟青、陈鸿轩、谢镜虚、柏烈武、杨伟最后至。余食三鸽，余皆二。[①]

一般来说，诗礼富贵人家，食不厌精，脍不厌细，即便其中的饕餮之徒，也多止于浅尝，即便大嚼饱餐，比如食鸽，一只两只也够了吧，但谭延闿食太平馆之鸽，少则两只，多则三只、四只，今人视之，未免瞠目——岂止饕餮，必是至爱！而缘何成为时人的至爱？日前太平馆第五代传人也即香港太平馆的主理人徐锡安先生来广州，为作者具道所以——如果大家有机会去香港太平馆，还可以

---

① 《谭延闿日记》，中华书局2019年版，第10册第155-156、179页，第11册第22-23、123、142页。

太平《主席爱吃烧鸽》,
《凌霄》1946年第1期

吃到谭延闿同款,他们的烹饪方式,一百多年来,没有改变过!

太平馆广受欢迎,以至"被迫"整席外卖:"(1924年1月16日)出至小泉处,云今日约客,待至八时始入席,梯云、仲凯、阜南、咏庵、伯雄、时若、何敬之、李宗黄同座。熙农、护芳一坐即去,余皆约而不至。菜虽太平馆,而鸽不如。"

像这种红烧鸽子,要趁热吃,外卖肯定味逊。尽管如此,讲究饮食如谭氏者,仍非常乐意接受。比如"(1924年1月18日)十一时,阜南忽呼太平馆鸽至,鲁、谢诸人已去,乃以本部人足之,实乃无鸽,不过一客番菜耳,匆匆便了",详其意,当属闻鸽跃起,却无鸽,只好"匆匆便了",其爱鸽之情,跃然字里行间。第二天,终于吃到了鸽子，便大高兴："（1924年1月19日）午后，有太平馆西餐，真食鸽矣。"①简直到了几不可一日无鸽的境地。

谭延闿上太平馆及吃鸽的故事继续：

1924年2月18日　偕沧白、纫秋同渡至太平馆吃鸽子。

1924年3月1日　至太平洋馆，与丹甫、廪丞各食二鸽，乃渡海，至大本营办事。

1924年9月25日　午，出访范小泉，杨映波邀同至太平馆，食鸽子各二只，谈久之。

1924年11月12日　至冠军寓，遇王猷，同至太平馆，招吕满来，食鸽子。冠军忽牙出血，乃不能食，余遂食四鸽、一沙雏、大盆葡国鸡饭，饱矣。

1925年6月18日　与贻孙入太平馆吃鸽子，谈甚多。

1925年7月28日　偕汪、廖、伍至太平馆吃鸽子，饮啤酒二杯，未毕而起。

1925年11月7日　衡生同车至太平馆，待谢霍晋至，乃吃双鸽一鸡，去廿四元矣。

1925年11月25日　同精卫、梯云、公博、树人、仲鸣、平山、

---

① 《谭延闿日记》，中华书局2019年版第11册第144、148、149页。

子文至太平馆。子文为东道，费四十余元，余辈八人仅十六元，余皆驺从食也。

1925年11月29日　至太平馆食鸽子，饮数杯出。

1926年6月1日　出至太平馆，请王基永、李毓尧、凌炳、蒋宪、姚彦文，为之作饯，以毛润之、李富春、姜咏洪、咏安、宏群陪。初食半鸽，一座大惊，既又上全鸽，乃知公司菜加一鸽故也。

1926年7月23日　步入太平沙，至太平馆，逸如招饮也。特生、时若、荐焘、心涤、宪民、大毛先在。咏洪、安甫、吕满、徐大、大武、绳、康、秋后来。一汤后即食鸽，吾与大武三鸽，徐大一鸽，唐心涤先已二鸽，今仍与余人食二鸽，咏洪则未食。葡国鸡、苏弗利后，遂进茶，人人得饱。视账单，菜钱五十余元，而酒水他费亦称是。甚哉，酒家之不可近也。

1926年8月8日　偕秋同至太平馆，令康迎迪、竹、珏、毛、祥、韵来，人吃全餐，加以二鸽，费亦四十三元，馆子之不可近也如是。

1926年12月7日　至太平馆，人食二鸽还。①

---

① 《谭延闿日记》，中华书局2019年版第11册第227、230、258页，第12册第349页、第13册第346、456页，第14册第274、316、324页，第15册第338页，第16册第12、51、374页。

从日记看，谭延闿有不少日子是起床第一件事就是去太平馆吃鸽子，吃完鸽子，才去上班理事。可是，因为价昂，鸽子好吃，酒家难近，富贵如谭延闿也连连叹息："甚哉，酒家之不可近也。""馆子之不可进也如是。"而太平馆犹自满座爆棚，"盛哉，食在广州"！

谭延闿除了去正宗地道的太平馆，也时不时去下不是十分地道的新太平馆。虽有抱怨，犹能忍受：

1924年6月3日　至高师，访海滨，海滨适将出，邀同赴新太平馆，客为梁姓兄弟，伍姓兄妹，皆教习也。妹即梁妻，婉婉大方，无新女子骄容，旧女子俗态，可佩也。新太平之鸽远不如旧太平，主人仅以一枚饷客，尤为未足。

1925年11月5日　与汪、伍、古诸人谈。七时乃下至花厅，汪精卫请客也。李济深、张发奎、古、伍、宋、邓、岳、黄、吴、张、李朗如、陈树人。菜则太平新馆，鸽已不如葡国鸡，直不是这回事矣。

1925年11月8日　汪精卫约往政府看电报，东江已肃清，阳江亦克复，可无忧也。遂邀同吕满赴太平新馆，正对法领事馆，林木葱蔚，望之使人意消，安得取回辟作公园耶。此叶昆臣被掳后，法人所占藩司署之一部也。精卫为主人，食烧鸽及葡国鸡，皆于老馆具体而微。

民国时的太平馆新馆，位于今广州市北京路财厅前

　　1926年6月20日 （晚）七时出，至葵园与蒋介石同请客，陈真如夫妇及子、刘文岛夫妇、唐生智妻及女，张静江、陈果夫、朱一民，蒋夫人为女主。吃新太平馆，有鸽无味。[1]

　　诚如日记所说，新太平馆"正对法领事馆，林木葱蔚，望之使人意消"，乃叶铭琛被掳俘后，"法人所占藩司署之一部"，当然环境一流，但环境不能当饭吃，更不能当鸽吃，即便蒋介石、汪精卫请客也没办法。鸽子乃谭延闿最爱，即便他处吃西餐，如果有记，

[1] 《谭延闿日记》，中华书局2019年版第11册第512页，第14册第270、277页，第15册第417页。

记必有鸽，且须得跟太平鸽比较一番：

1925年12月2日　至美洲酒店吃饭，去二元，亦有鸽子，如太平馆也。

1926年1月9日　宏群、大毛来，遂邀同徐访吕满，不值，乃赴亚洲吃散餐。除白鸽外，自优于他处，四人十元，亦不菲矣。

1926年2月5日　赴党部常务委员会，会已开矣。一时散。至国民餐店吃大餐，颇丰腆，亦有半鸽，仿佛太平也。

1926年2月16日　偕吕满同入政府，今日以李济深凯旋，特张宴荣之也。俄同志毕来，国民餐馆菜，亦有烧鸽，逊太平馆远矣。

1926年6月29日　出，赴子文之约，留同晚餐，亦有白鸽，则不如太平馆远矣。

1926年9月20日　六时半，乃赴宋子文之约，谈骑马事甚欢。宋今日骑马，且借吾马也。留同餐，餐非不佳喜，烧鸽则不如太平馆远甚矣。①

谭延闿的同事邵元冲（谭曾任孙中山大元帅府内政部长、建设

---

① 《谭延闿日记》，中华书局2019年版第14册第330、424页，第15册第6、38、443页，第16册第175页。

部长、秘书长，邵则以国民党元老身份几度担任孙中山机要秘书、主任秘书、秘书长），与其苦苦追求而得的大七岁的"神仙姐姐"妻子张默君，也同样嗜食太平馆的烧鸽子，每至广州必前往觅食：

1924年5月16日　五时散会，偕季陶、芦隐、季陆共餐于太平新馆，盖以烧鸽著称者也。

1924年5月30日　五时顷散，六时约季陆、勉哉、芦隐、醒石至太平新馆晚餐。

午后十二时半偕仲恺、精卫归，餐于太平新馆，并晤季陶。

1924年10月30日　午前偕华（按：即张默君）出外购物……又至太平馆吃烧鸽，华颇甘之，谓在粤中可纪之一也。

1924年11月13日　午间偕华至太平馆食烧鸽，以为临别纪念。

1925年5月5日　晚餐于太平新馆。

1926年5月24日　七时顷至太平沙太平馆应刘峙晚餐之招。

1928年2月7日　傍晚张香池约在太平馆食烧鸽。

1928年2月8日　午间同景棠（唐）至亚洲酒店食烧鸽。

1928年5月8日　晚偕默君同至太平馆食烧鸽。

1928年5月25日　五时顷偕默至六榕寺观铁禅书画，晚餐于太平馆。

1928年5月31日　晚偕默君、尧阶至太平馆食烧鸽。

1936年10月24日　晚，纪文招餐于太平新馆，食烧白鸽，仍肥隽可喜，同席为古夫人、罗翼群夫妇及胡毅生、冒鹤亭等。[①]

其实，烧鸽不仅是广州西餐的经典菜式，也堪称"食在广州"的代表菜式。梁实秋说："吃鸽子的风气大概是以广东为最盛。"[②]与谭延闿勉强算得上同事关系（与谭一道北伐）的郭沫若先生更作如是观："我是3月底到广东，7月底参加北伐军出发，在广州算整整住了四个月。看见了别号英雄树的木棉开红花，看见了别号英雄树的木棉散白絮。吃了荔枝，吃了龙眼蕉，吃了田鸡饭，吃了烧鸽，吃了油板面，吃了一次文科教授们的'杯葛'。"[③]稍后，有人在报刊上介绍岭南庖厨八珍，鸽膳竟占据二珍，即第一珍"云腿鸽片"：

原料——火腿　乳鸽

制法——火腿烧过后，切成片。鸽片另起油镬，生炒，然后放入火腿片，用猪油合炒即成。这味的制法，很简便易办。

---

① 《邵元冲日记：1924-1936》，上海人民出版社1990年版，第6、13、18、49、73、76、149、235、395、396、422、428、429、1432页。

② 《鸽》，载《雅舍谈吃》，湖南文艺出版社2012年版，第154页。

③ 郭沫若著、郭英平编《创造十年》，云南人民出版社2011年版，第228页。

第五珍"雀肉鹿麋":

原料——鸽肉　豆腐

制法——豆腐以粟米粉，鸡蛋，上汤制成。把鸽肉炒成鸽松，用猪油炸好，豆腐，铺在鸽松的四围，盛入器中，一味佳肴，便可成功。这味说说似乎简单；但烹制起来，必须谨慎从事，务须滋味和美观，都要顾到。[①]

有意思的是，时人认为，太平馆烧鸽的奥秘，却在谭延闿所不喜的中西结合之上："蒋委员长喜吃烧鸽，当十年前在黄埔时，公余之暇，恒至太平沙之太平馆大嚼（此馆烧鸽之法有独到处，乃用中国之豉油，而以西法炙之）。去秋入粤，仍未忘情于此，尝微服往食，独尽一碟，太平馆之广告，今乃以此为号召矣。"[②]然而，引中入西也好，引西入中也好，中西结合却一直是"食在广州"的时尚，在号称"食在广州"开山、自诩广东第一的江孔殷那儿更是如此。然而，即便如此，谭延闿他处不乐，却独乐于此，亦足见"食在广州"这魅力矣："（1924年5月8日）（下午）五时，始偕吕满

① 忍庐《岭南庖厨八珍》，《食品界》1933年第5期。
② 栖凤《岭南食谱》，《世界晨报》1937年8月3日第4版。

渡，余径以舟至江虾家，虾请客也。英领事、英美烟公司大班三
人，又一西人……又有小伍、傅秉常、李登同、谭礼廷。菜乃中
餐，以西法食之，有鱼沙士最美。饮勃兰地十杯，近所无也。"①

　　详日记，亦不仅中餐西食，像鱼沙士，分明中餐西做；勃兰
地，更西式。再翻下去，中餐西食的记录多有，如："（1925年10
月1日）与颂云久谈，乃偕至财政厅，省政府同人请锦帆也。待汪
不至，余人登楼，朱、李先行，吾辈蹒跚至屋顶，凡四层，惫矣。
菜则中餐西食，顷刻便尽。与昨略同，云贵联升二十年前名厨也。
事事皆今不如古，惟饮食不然，吾言不诬也。"谭延闿在这里着重
指出"事事皆今不如古，惟饮食不然"，且特别强调"吾言不诬"，
则其于饮食之事，重创新，喜西餐，便更加有了"谭学"的理据。
而二十年前贵联升名厨都中餐西做了，"食在广州"西风遍被，又
有何疑？风气之下，如谭延闿1930年6月7日记国民政府在励志社
大宴蒙古代表，"西餐每客二元五，亦侈矣，殊不如不用鱼翅也"。②
确实，西餐而用鱼翅，无乃太中乎？

　　然而，中西两张皮，两两融合无际，自然不易，味求更胜，当
然更难。所以，谭延闿于中餐西做或中餐西吃，固能接受，但整体

---

① 《谭延闿日记》，中华书局2019年版，第11册第467–468页。
② 《谭延闿日记》，中华书局2019年版，第14册第180–181页。

上仍然坚持不中不西为美之观点。如："（1928年9月19日）晚，至子文寓一谈，乃诣介石，则胡展堂、刘芦隐、陈铭枢、李任潮、德邻、季陶、孑民、石曾、亮畴、吴礼卿。食不中西之餐，半荤素之馔，殊以为苦。"不过，这是在南京，不是广州。但他对他的干妹妹宋美龄指导下的励志社西餐，则大加旌表："（1928年12月2日）介石来电话，约饭励志社，至则如入青年会之餐堂，所谓自助餐室cafeteria，介石夫妇、张治中同食，菜洁价廉，中餐之别开生面者，近和菜也。食罢，蒋夫人导观烹调处，即在食堂中，甚精洁。"[1]

稍后与一班留学生出身的党国重臣讨论中餐与西餐的优劣，谭延闿虽曾在日记表明他的态度，但分明倾向西餐："（1929年3月11日）赴介石约，唐少川自沪来。院长除蔡、戴，部除宋、孔，皆列席。菜甚佳，足傲外交部，王儒堂第赞面包，王亮畴仍谓不如中菜，少川则谓衣食住西皆不如中。"而最足以彰显他倾向的，是公开表示他的"御厨"曹四的"鸡汤不如西厨"："（1929年12月27日）食面三碗。曹四鸡汤不如西厨，以纯洁逊之，味故不如，亦烹饪法不同也。"——本来，鸡汤并非西厨所长，而最为中厨所擅。这也为谭延闿的西餐人生画下了一个最完美的句号，再过几个月，1930年9月21日，52岁的他即因脑溢血撒手人寰，饮宴天国了。

---

[1] 《谭延闿日记》，中华书局2019年版，第19册第144、218页。

粤菜北渐，西餐先行，其实粤菜西渐海外，也是西餐先行，
但粤地西餐，向无人考究，岂非舍本逐末，
而成无根之木，无源之水？
一俟考掘，则精彩自见。

海客谈瀛洲
——百年前的广州西餐馆

我在拙著《粤菜北渐记》（东方出版中心2022年版）中提出，粤菜北渐，西餐先行，即晚清民初粤菜在走出广东、走向全国的过程中，西餐或曰番菜充当了急先锋，无论上海、天津还是北京，无不如此。即便上海是以宵夜先行，但宵夜馆也都兼售西餐，特别是上海的番菜馆，也是粤人首创。那何以粤菜北渐能西餐先行？则钩陈史实探讨一下晚清民初的广州西餐馆，就大有意味了。正好曾任驻意公使的黄诰留下的一部日记，为我们提供了难得的史料。

一

　　民国初年，曾任清政府驻意公使的黄诰回到广州，虽然不知他
具体何时回穗，也不知何时逝世，但从其留下的1916年至1918年
3年间的《英公使黄诰日记》（所用日期皆为阴历）看，他在广州
的生活相对优渥，可以说整日价流连茶楼酒肆，诗酒度日；虽然所
记有嫌简略，但合而观之，也很容易窥出当时广州茶楼酒肆业的发
达——"食在广州"声名远播，实在是良有以也。

　　正式展开叙述之前，先简要交代一下黄诰的生平行实，以便我
们更好理解他在广州的生活。据中国第一历史档案馆藏《清代官员
履历档案全编》"08_000161"档光绪三十四年（1908）黄诰的档案
介绍：黄诰"现年四十四岁"，即1864年生人；系籍广州驻防正黄
旗汉军。由附生中式，光绪十一年乙酉科广东乡试举人，二十四年
戊戌科会试中式贡士，改翰林院庶吉士，三十一年八月奉旨赏加四
品卿衔派充出使义（意）国大臣，九月奉旨赏给二品顶戴，三十二
年正月到义接任，三十四年二月奉旨着来京，另候简用。简用时
间在1910年2月26日："上谕：陕西陕安道员缺，着黄诰补受。钦
此。"①辛亥革命时期，尚在陕西汉中"负隅顽抗"：汉中镇总兵江朝
宗就通过自己掌握的反动武装，"伙同兵备道黄诰、知府吴廷锡等，

---

① 《电旨》，《东方杂志》1910年第7卷第3期。

结合当地一些反动民团，打着'保境安民'的旗帜与攻陕的西路清军勾结起来反对革命"。①

而据于城《广州满汉旗人和八旗军队》，他们家族在广州倒颇有势力，亦绅亦商，同时又与同盟会和革命军素有往来，故其能左右逢源，不因革命而失势："(辛亥革命后)清方官吏逃跑一空的无政府状态下，广州市地方绅耆和商界领袖人士，出而维持这个局面。11月7日，由广州市七十二行商会和九大善堂的董事，出面邀请满、汉旗人代表到省咨议局商谈解决八旗军队问题。旗人方面派出黄益三、刘钊等人代表出席。黄益三是汉军旗人，他父亲黄国鼎是个刚退休的旗军协领，他哥哥黄诰，翰林出身，现任清政府驻意大利公使，他本身也是个举人，捐班知府，在汉军旗人中很有威望，而且早和同盟会人有所来往。"②

对黄诰日记作粗略统计，三年之中，他光顾的酒楼有65家之多，茶居、茶室也有13家，同时水上食肆也即紫洞艇，也录有9家，外加西餐馆18家，合计达106家之多，而到1930年，广州茶楼酒肆通共也才一百多家："广州市酒楼茶室行因反对筵席捐公司改用两联单号码填写抽捐，以致一律罢业。六、七两日联同罢业

---

① 张华腾等《辛亥革命在陕西》，陕西人民出版社2011版，第125页。
② 政协广东省委文史资料研究委员会1964年编《广东文史资料》第14辑，第193页。

者为南园、文园、西园、大三元、谟觞、陆羽居、茶香室、玉坡楼、玉醪春、桃李园、一景、菊坡、双英、玉棠春等；西餐馆则有太平馆、太平支店、安乐园、美洲、华盛顿等。此外各小酒楼饮店一共有百二十余家。其未罢业者除陈塘营业花酌之永春、群乐、京华、燕春台、留觞等数家外，寥寥无几。纵有之，亦不过下级饭店而已。"①依其身份，这些都应该是有些档次的；再则，在交通欠发达的当日，黄诰也不可能全市觅食。如此，则当日广州市茶楼酒肆的密度，应该是惊人的，须知据1933年版的《申报年鉴》，1920年前后，全广州的人口都只有90万左右，现在广州人口最少的越秀区，人口都近120万呢。详情分析，有待专文，这里我只想着重谈谈当日的西餐馆，以便我们更好地理解，何以粤菜北渐，西餐先行。

广州人很早就学会了做西餐，因为很早就有了广州人用西餐招待西人的记录。据程美宝、刘志伟教授考证，早在1769年，行商潘启官招呼外国客人时，便完全可以依英式菜谱和礼仪款客，这足以改写当下的中国西餐起源史说。②十三行夷馆中，由于不能带眷属和其他人等，各种杂役包括饮食烹饪都只能仰仗粤仆；1839年

---

① 《广州酒楼行罢业后》，《申报》1930年9月15日第9版。
② 程美宝《18、19世纪广州洋人家庭里的中国佣人》，《史林》2004年第4期。

春，林则徐开始在广州禁烟，一个措施是勒令夷馆的华仆撤离，这些洋大人无以下炊，即是最好的说明。[1]这些粤仆由于西菜做得好，还被介绍到国外去："我已经把以下由你以前的买办介绍的4个中国人送到Sachem号上去了。他们分别是：Aluck厨师，据说是第一流的。每月10元。预付了一些工资给你的买办为他添置行装。从1835年1月25日算起，一年的薪水是120元。"另有一个叫Robert Bennet Forbes也将一个英文名叫Ashew的华仆带到波士顿为他妻子的表亲Copley Greene服务。[2]

这些夷馆厨师中，有一个叫徐老高的，原本受雇于美国旗昌洋行，积攒了一点本钱后，就出来开了一家太平馆西餐厅；具体开设时间，以前都说是1860年，现在又有说1885年，暂且不去考证，但广州最早的西餐馆，当属一个名叫马奎克的英国人19世纪30年代在十三行夷馆边上所开设的一家，以及他的竞争对手开设的

洋场才子《嚼舌篇·葡国鸡》，《海燕》1946年新第6期

---

① ［美］亨特《广州番鬼录》，广东人民出版社2009年版，第141页。

② 程美宝《18、19世纪广州洋人家庭里的中国佣人》，《史林》2004年第4期。

另两家："他是这里的罗伯特、索耶、瓦泰尔、维利（译注：均为英国皇室的名厨），开在商行区小街上的那家饭店兼咖啡馆兼桌球房的旅馆就属于他……还有他的竞争对手圣特和马克斯开的店……这两家店十分相似，院子一样的狭小，房间一样的简陋，仆人一样的冷漠、无表情、无所事事、屋里挤满了仆人，却只有一人招呼客人，其他人看着他忙得晕头转向，却没有抬根指头去帮他。"[①]

可惜，这些洋人的西餐馆早经湮灭，我们后来只记得有太平馆。而当我们从黄诰日记中发现民初有这么多西餐馆时，如果不赶快整理公布出来，人们印象中，就也还只保留太平馆的坚固印象，却连它到底何时开张，也从未见有扎实的材料。黄诰首先记录的一家西餐馆，是谈瀛洲室西餐："丙辰二月初六日：邓仲裴请谈瀛室西餐。"这名字很妙，"海客谈赢洲，烟霞微茫信难求"。西餐馆间关万里，终于落户中国，首现广州。后来又有小瀛洲西餐馆开出来，那是他去过多次的：

一九一七年四月十一日　王孝问在竹桥小瀛洲请洋餐。

一九一七年四月二十七日　王访刍请小瀛洲西餐。

---

① ［法］老尼克著，钱林森、蔡宏宁译《开放的中华：一个番鬼在大清国》，山东画报出版社2004年版，第14页。

一九一七年五月初二日　王访乌请小瀛洲。

一九一七年五月初七日　王孝问请小瀛洲午餐。

一九一七年五月十六日　王孝问请小瀛洲。

一九一七年五月廿三日　王孝问请小瀛洲。

一九一七年六月十四日　我请王孝问、梁澧泉在小瀛洲洋餐。

一九一七年八月初二日　王孝问请小瀛洲。

　　黄诰去的第二家则是近水处西餐："一九一六年六月初四日：请冯俪甫、陈冠之在彭园近水处西餐。"第三家寰乐园去过两次："一九一六年六月初八日，左子兴请寰乐园。""一九一七年二月初九日，左子兴请寰乐园。""一九一七年十二月廿四日：父亲在寰乐园请客。"① 这寰乐园，到1926年还在，善吃西餐的谭延闿还去过，并予佳评，认为比四大酒家之一的南园还好："（1926年10月29日）七时半，偕蒋（介石）至党部大礼堂，国民政府与省市政府联请各代表也。以各界人作陪，二十桌，仅用四分之三。寰乐园菜，丰于南园。"② 当时无论广州还是京沪，西餐馆都多有以园为名者。

　　第四次太平馆终于登场，毕竟最老牌最知名，所以去得也几乎

①《民国稿抄本》第一辑第五册，广东人民出版社2016年版，第62、64-67、70、75、22-23、86、91页。

②《谭延闿日记》，中华书局2019年版，第16册第274页。

是最多的，而且经常是多人同去的同年之会：

一九一六年六月十五日　　太平馆会同年。

一九一六年八月十八日　　邓郁生请太平馆。

一九一六年九月十二日　　何少波请太平馆。

一九一六年十一月十五日　　太平馆会同年。

一九一七年二月初二日　　请王孝问在太平馆。

一九一七年闰二月十六日　　陈泽生请太平馆。

一九一七年七月初九日　　王访刍请太平馆。

一九一八年八月三十日　　何少波请太平馆。

一九一八年十月初四日　　太平馆西餐。

第五家去的华盛顿西餐馆，是笔者所见广州第一家取洋名的西餐馆："一九一六年六月二十日，我请仲裴华盛顿西餐。"[①]这家华盛顿西餐馆在1918年编辑、1919年由广州新华书局出版的《广州指南》所载录；总共只载录了8家西餐馆："番菜馆专售西菜，值每客自六毫至一元，菜自六色至十色不等：安乐园，十八甫；东亚

---

① 《民国稿抄本》第一辑第五册，广东人民出版社2016年版，第23、29、31、41、52、57、73、114、118、24页。

酒店,长堤;太平馆,太平沙;智利民,十八甫;华盛顿,长堤;鹿角酒店,大巷口;舷舷,十八甫;大东酒店。"①其中的鹿角酒店和大东酒店不见载于黄诰日记,则其时广州西餐馆至少有20家之多。华盛顿西餐馆也同样收录入广州天南出版社1948年版的《广州大观》,载在第53页,则其存续迄于终民国之世,可谓老牌的西餐馆了。

第六家华商西餐馆是在河南,即今海珠区,比较难得,因为直到20世纪80年代,"宁要河北一家床,不要河南一间房"的口头语仍然流行;黄诰先后去过4次:

一九一六年九月初九日 河南华商西餐馆我请伍乙庄、黄礼襄、吴伟卿。

一九一六年十一月十一日 黄礼襄请华商西菜馆午餐。

一九一七年二月十二日 黄礼襄请华商西餐。

一九一七年八月十九日 黄礼襄请华商西菜。

第七家履席的西餐馆知利民,当即前引《广州指南》中的智利

---

① 《广州指南》卷四《食宿游览·番菜馆》,上海新华书局1919年版,未标页码。

民："一九一六年年十一月二十七日，王孝问请知利民西餐。"第八家倚虹楼，则与上海著名的粤人主理的西餐馆倚虹楼同名，也三次莅临："一九一六年十月初七日，伍乙庄请倚虹楼。""一九一七年三月二十一日：伍乙庄率其子郭风请倚虹楼。""一九一七年四月廿四日：倚虹楼小酌。"① 稍后去的安乐园西餐馆也与上海安乐园同名，去的次数则较倚虹楼更多，前后达10次，为各家之最：

一九一七年五月十九日　王孝问请安乐楼。

一九一七年十一月初七日　梁静山请安乐园西餐。

一九一七年十一月十四日　王访刍请安乐园西餐。

一九一七年十二月初八日　王孝问请安乐园西餐。

一九一八年正月十一日　王访刍请安乐园西餐。

一九一八年八月初三日　王孝问请安乐园。

一九一八年九月初四日　请易稚澧、王孝问安乐园西餐。

一九一八年九月三十日　王孝问请安乐园西餐。

一九一八年十月二十三日　王孝问请安乐园西餐。

一九一八年十二月初五日　我请孝问安乐园西餐。

---

① 《民国稿抄本》第一辑第五册，广东人民出版社2016年版，第31、40、53、77、43、53、60、63页。

第十家去的是观渡亭,名字就很少见:"一九一七年六月十一日,在观渡亭请邓群普西餐。"①接下来去了几家百货公司的西餐厅;最初以洋货销售为主的现代百货公司,可以说是广东人的专利,上海四大百货公司,皆属粤人创办,而他们又都是源起省港,即先在广州或香港开办,有了经验和实力再移师上海。而这些现代百货公司,经营西餐,也就是题中应有之义,几乎无不为之,当然来又与时俱进,兼营中餐和茶市,也都是省港沪同调。黄诰去的第一家是真光公司,还去了5次:

一九一七年六月十五日　在真光公司会同年。

一九一七年九月初二日　王访乌在真光公司请小酌。

一九一七年九月十九日　许森宝请真光公司。

一九一七年十月十七日　许森宝、许季勉请真光公司。

一九一八年三月十六日　同孝问到真光公司天台食咖啡,我请。②

---

① 《民国稿抄本》第一辑第五册,广东人民出版社2016年版,第67、85、86、89、93、111、115、117、120、125页。

② 《民国稿抄本》第一辑第五册,广东人民出版社2016年版,第70、78、80、83、100页。

民国初年广州著名的百货
公司真光公司广告

一般认为，广州第一家百货公司是1907年开办于十八甫的光商公司，但第一家更具现代特征的百货公司，则是1910年同样开办于十八甫的真光公司。接下来他一年之内去了5次的觥觥公司的西餐厅，是何光景，却早已湮没无踪，查无可查：

一九一七年六月十八日　王孝问请觥觥公司洋餐。

一九一七年六月二十九日　在王孝问处早饭，孝问又请觥觥公司小食。

一九一七年七月二十日　王孝问请觥觥公司。

一九一七年八月初八日　王孝问请觥觥公司西餐。

一九一七年十一月二十日　王孝问请觥觥公司西餐。

而另一家东亚公司洋餐，当为先施公司附设之东亚酒店："一九一八年三月廿九日，吕文起请东亚公司洋餐。"[1]按，广州先施公司成立日期，众说不一，有主1912年的，有主1914年的，而且都是看似权威的出处，窃以为宜以1912年为宜，因为一九一三年初上海《申报》已称其为百货业的巨擘："粤省堤岸有先施公司者，洋货店之巨擘也，五光十色，品物齐备，凡外省之到粤，暨各乡人之出省者，无不到先施公司游观……"[2]

黄诰去的第14家西餐馆悦记酒楼，初看以为是普通粤菜馆，到第三次才明确点出是西餐馆：

一九一八年六月廿六日　黄礼裹请悦记酒楼。

一九一八年八月初二日　黄礼裹请悦记酒楼。

---

① 《民国稿抄本》第一辑第五册，广东人民出版社2016年版，第70、72、74、76、87、101页。

② 《粤垣先施公司大劫案》，《申报》1913年1月31日第6版。

　　一九一八年九月十一日　伍乙庄请悦记西餐。

　　而最后一家即第十八家，即与租界沙面一涌之隔的沙基西餐馆："一九一八年十二月廿四日，王孝问请沙基西餐馆。"①这沙基西餐馆，当是26年前，从1892年至1902年任广东提刑按察使司经历的河北临榆（今山海关）傅肇敏日记里的沙基酒店："（1892年3月5日）项慎斋约沙基酒馆吃番菜，兰亭来署，约会一同前往。"或许是彼时广州西餐业尚不十分发达，或许是因为傅肇敏为北方人之故，他的宴饮生活十分频繁，但所记西餐馆，除此之外，就只记有另一家醉春园了："（1893年9月11日）胡汝鸿约醉春园吃大餐，同坐者皆赈捐局诸人。""（1893年9月16日）赈振局蒋渭浓等约醉春园吃大餐，同坐者十二人。"②

二

　　回过头来我们再讨论广州西餐和西餐馆的起源，以及广州西餐及其厨师何以北渐的问题。

　　西餐的起源，不用说，有洋人就有西餐，至迟可以说从葡萄

---

① 《民国稿抄本》第一辑第五册，广东人民出版社2016年版，第109、110、115、127页。
② 邱明整理《傅肇敏日记》，凤凰出版社2022年版，第5、75页。

牙人"租借"澳门起吧。浙江人王临亨1601年"虑囚岭南"（到广东进行刑事司法检察），即得以亲尝西洋饮食，并且赞叹不已，连包装物都爱不释手："其人闻税使宴客寺中，呼其酋十余人，盛两盘饼饵、一瓶酒以献。其饼饵以方尺帨覆之，以为敬。税使悉以馈余。饼饵有十余种，各一其味，而皆甘香芳洁，形亦精巧。吾乡巨室毕闺秀之技以从事，恐不能称优孟也。帨似白布，而作水纹，亦吾乡所不能效。今与瓶酒俱拟持归，以贻好事者。"①当然，此际西餐馆应尚未开到本埠。

十三行夷馆时代，洋人饮食仰给于华仆，西餐出现外溢的情形。且不说前述早在1769年，行商潘启官招呼外国客人时，便完全可以依英式菜谱和礼仪款客，到1792年张问安游粤时，到洋行夷馆吃西餐已经成为时尚，如掌故大家瞿兑之教授所说："现在之所谓大餐，其名由广东之洋行而起。嘉庆中张问安《亥白集》中有诗云：'饱啖大餐齐脱帽，烟波回首十三行。'②"又说："昆明赵光（字

---

① 王临亨《粤剑篇》，中华书局1987年版，第91页。

② 张问安《夏日在广州戏作洋舶杂诗六首舟行无事偶忆及之录于此以备一时故实亦竹枝浪淘沙之意也》，载《亥白诗草》卷三《岭南集》，收入《清代诗文集汇编》第448册，上海古籍出版社2010年版，第69页。全诗为："名茶细细选头纲，好趁红花满载装。饱啖大餐齐脱帽，烟波回首十三行。"并自注曰："鬼子以脱帽为敬，晏客曰大餐，归国必满载茶叶、红花以去，十三行其聚货处，凡十三行也。"

文恪）在其年谱中记道光四年游粤情形云：'是时粤府殷富甲天下，洋盐巨商及茶贾丝商，资本丰厚。外国通商者十余处，洋行十三家，夷楼海舶，云集城外，由清波门至十八铺（甫），街市繁华，十倍苏杭……终日宴集往来，加以吟咏赠答，古刹名园，游览几遍。商云昆仲又偕予登夷馆楼阁，设席大餐，酒地花天，洵南海一大都会也。'[①]"有了这些证据，瞿教授便判定："据此则一百一十余年前，广州已有租界气象，官场应酬已以大餐为时尚矣。"[②]

综上所述，无论太平馆成立于1860年还是1885年，广州西餐，早在此前若干年，即已成为时尚；如果说成立于1885年的话，则连上海都不及，似乎大不合情理，因为相传上海第一家（当然不是）华人番菜（西餐）馆一品香，1879年即已成立；其老板徐渭泉、徐渭卿兄弟有说是粤人，虽证据不扎实，但其所聘厨师来自广东，则是众口一词："上海番菜馆林立，福州路一带，如海天邨、富贵春、三台阁、普天春、海国春、海国春新号、一家春、岭南楼、一枝香、金谷香、四海邨、玉楼春、浦南春、旅泰等，计十四五家。以上各家均开设于光绪二十一年后，独一品香最早。该号坐落英租界四马路老巡捕房东首第二十二号，坐南朝北，二层洋房。号主徐渭

① 《赵文恪公自订年谱》，台北广文书局1971年版，第89—90页。
② 瞿兑之《人物风俗制度丛谈》，山西古籍出版社1997年版，第160—161页。

泉、徐渭卿，开设于光绪十四年，其中大小房间多至四十余间，聘著名粤厨司烹调之役。"①

　　徐珂说开设于光绪十四年即1888年，肯定是错误的，因为《申报》广告列明了其具体的开业时间："四马路一品香启：择于（1879年）七月二十日（阳历9月6日）开张。"②而其1880年2月18日《申报》广告《精烹英法大菜》曰："英法大菜，重申布闻。择于正月初五开张，厨房大司业已更掉广帮，向在外国司厨十有余年，烹庖老练也。士商绅富中外咸宜，倘有不喜牛羊，随意酌改，价目仍照旧章。"撤掉原来的广帮厨师，换上在国外司厨十余年的新厨师。那这种新厨师，是不是就不是广东人了呢？其实也只能是，只不过是相对原来土生土长的广东厨师而言，他们在国外帮厨了十来年；在那个时代，有可能赴海外帮厨的，也只有广东人。其实，《申报》的番菜广告还告诉我们，上海还有比这一品香番菜馆产生更早的——1873年12月17日、1875年11月27日、1876年12月12日均刊有生昌番菜馆的广告："生昌番菜号开设在虹口老大桥直街第三号门牌，以自制送礼白帽、各色面食、承接大小番菜，请诸君惠顾。"而这生昌号番菜馆不仅是粤人所开，更是后来鼎鼎大

① 徐珂《清稗类钞》第13册，中华书局1986年版，第6271页。并见走《上海著名之商场：一品香》，《图画日报》1910年第10期，第7页。
② 《新开一品香英法大菜馆》，《申报》1879年9月6日第5版。

上海一品香番菜馆

名的粤菜馆杏花楼的前身："启者：生昌号向在虹口开设番菜，历
经多年，远近驰名。现迁四马路，改名杏花楼，择于九月初四日开
张，精制西式各款大菜，送礼茶食，各色名点。荷蒙仕商惠顾，诚
恐未及周知，用登《申报》。"①

　　粤人开设的西餐进军上海甚早，粤人西餐厨师进军上海则更
早，除了随洋行从广州移往上海的老厨师之外，上海洋行新聘的自
由职业的西餐厨师，也还是以粤人为主。1862年7月19日《上海新

---

① 《杏花楼启示》，《申报》1883年9月28日第4版。

报》第67期的一则招聘广告《招人做工》就直说："现拟招雇厨司一名，最好是广东人。"当另一重要口岸天津也要发展西餐以应时需时，也唯广东帮马首是瞻。1907年4月，天津广隆泰中西饭庄在《大公报》发布的广告就称："新添英法大菜，特由上海聘来广东头等精艺番厨，菜式与别不同。"其实在广州，粤人西餐厨师更是早已不为洋行所囿，像1861年2月22日《纽约时报》新闻专稿《清国名城广州游历记》说："上午10点钟当我再次醒来时，不想喝那鸡尾酒了。我洗漱完后，就自己到餐厅去用早餐。在这里，我们开始谈论一种最豪华的清式大餐，是用牛排做的。先前，我常听人说广州牛排如何如何美味，但从未有亲口尝过。"①这种"清式大餐"，无疑早已超越了潘启官、张问安、赵文恪时代的洋行大餐，而深具广州特色，即便太平馆不是此时诞生，也应该早有粤人的西餐馆开出来了，只是因为种种原因湮没无闻了而已。也只有这样，才有西餐厨师走出广州，走向上海，进而天津、北京。然而，尽管如此，由于"广东人华夷之辨甚严，舶来之品恒以番字冠之，番菜之名始此"。②番菜何时真正正名为西餐，却又有待考辨，但饶有意味。

　　总而言之，通过黄诰日记及本文的疏陈，我们既知道晚清民初

---

① 郑曦原《帝国的回忆——〈纽约时报〉晚清观察记》，当代中国出版社2011年版，第15页。

② 《海上识小》，《晶报》1920年1月9日。

广州西餐如此风行，西餐馆占比曾高达10%以上，则在西风东渐的历史背景下，以及粤菜暂时未能广为接受的前提下，粤菜北渐，而以西餐先行，实在是逻辑的必然，也为"食在广州"风靡中国，同时也可谓为岭南文化向外拓展，立下了功勋，是值得我们记念的。

坊间认为湘菜之祖谭延闿的谭府菜始于乃父为官两广总督时，
吸引粤菜优长，再自出机杼而成，不过凭空想象耳。
观谭延闿一生饮食，在上海时重川、闽而轻粤菜，
1923年随孙中山入粤，对粤菜就普遍好感不多，
但对其同年友江孔殷的太史菜，则愈益称颂，
并遣厨学艺，可谓相得益彰，共谱新篇。

食坛双星
——谭延闿与江孔殷的粤菜传奇

太史菜是"食在广州"的重要表征，至今仍有许多店家打其招牌，但如果没有切实可靠的材料发掘出来，太史江孔殷及其饮食创制，大率流于传说，虽有益于当下饮食文化的发展，但讹误过甚，其副作用也不可轻视。新出的《小兰斋札记》对我们继承弘扬江太史的饮食文化精神，助益实大，而更新出的《谭延闿日记》，则助力更大。须知，在全国范围内，谭延闿的饮食声名，远在江孔殷之上。他们是进士同年，特别是谭延闿在粤期间，过从甚密，堪称好

友。在招待谭延闿饮宴方面，江孔殷当然也倾尽其力，因此，从谭氏日记，我们便可见出江氏饮食精义，这应当是比之南海十三郎的回忆，更值得珍视的第一手史料。

谭延闿1923年2月21日随孙中山自沪抵穗，因其父曾为两广总督，广州算是旧游之地，但初至对广州饮食印象是贵而不佳。如第一天在寓居的亚洲酒店七层楼用餐，"饮勃兰地一杯，饭一盂而止，已去七元余，可谓贵矣"。第二天在九层楼晚饭，"饮五加皮一杯，菜乃不能入口"；饭后"大新公司一游，乃不如上海先施、永安，徒有贵价"。酒店附属餐厅，大抵不甚佳，迄今依然，可是2月26日至著名的一景酒楼饮宴，虽观感甚佳："粤中酒楼华丽，可以表现中国文明，所悬字画虽赝多，然亦有特别者。"然口感却并不见佳，以为不如上海，实有损"食在广州"之声名："今日去十五元余，有翅翁，较上海为廉，然菜不如耳。"①

一景酒楼不行，连四大酒楼之一的南园酒家，也是"菜平平而费十五元，可谓不廉"（1923年3月6日日记）。即便山珍海味，"翅、鲩已成例菜，了不胜人，盖无真味也"（1923年3月9日日记）。1923年3月15日，再至另一名店谟觞，"号称名厨，然只略胜南园耳"。3月16日，在亚洲酒店七楼设宴待客之后，开始跟自己

---

① 《谭延闿日记》，中华书局2019年版，第9册第318-319、382页。

谭延闿像

的家厨以及上海的川菜馆陶乐春作了一番比较，比较打脸"食在广州"："菜钱十九元有奇，不惟逊曹厨之十元，亦且惭陶乐春之十二元。"3月20日，"至晚，乃与沧白、萧、张同出，径至南园，宋绍曾、朱一民亦来吃，十四元而不饱，所谓三蒸酒者尤不可近"。[1]来广州一个多月了，愣是没吃到一顿好饭，连广东的名酒也给否定了。

或许"消息"传出，1923年3月23日，"（孙中山）特命私厨为吾辈供午食，颇精洁，杨、程同食"。"御厨"究竟不同，"好运"马上到来——次日，即见到了江孔殷："与廪丞步循惠爱路，至维新路而别。余步入西园，应伍叔葆之约。同座有江韶选孔殷、陈春

① 《谭延闿日记》，中华书局2019年版，第9册第396、399、412、415、425页。

轩启辉，皆甲辰同年……韶选自云两来访我，我竟不知也。菜殊平平，殆寒伧之故，叔葆其殆穷乎。"西园也是四大酒家之一啊！不要紧，第二天他即"与岳、曙步登岸，历漱珠桥至同德里，访江霞公，相见大喜。以拿破仑之勃兰地见饗……坐至晡，携酒及酱油归"。惜未及饮食。再过几日，1923年3月28日，终于在江孔殷家大快朵颐了："与沧白同访杨肇基，遂偕乘车至天字码头，渡河至江霞公家，范石生先在，杨以迷道后来。顷之，宏群、曙村来，张镜澄、李知事、徐省长、李福林、吴铁城皆至。登楼，看席。下楼，入席。江自命烹调为广东第一，诚为不谬，然翅不如曹府，鲍不如福胜，蛇肉虽鲜美，以火锅法食之，亦不为异。又云新会有鳝王，出则群鳝，今得一五十斤者。烹过火，烂如木屑，不知其佳，转不如鲜瑶柱蒸火方之餍饫。若鸽蛋、木耳、燕菜则仅足夸示浅学矣。饮食之道诚不易也。出拿破仑勃兰地及蛇胆酒，吾为饮满至十余杯。（火方但肥无瘦肉，食之如东瓜，无油腻气，故自佳。）"①

　　这江家第一顿饭，虽然有些"挑刺"，毕竟认可了江孔殷的"广东第一"，也足以证明江孔殷在"食在广州"中的地位和作用。江孔殷请他吃的第二顿饭，是在风月之地陈塘："（1923年4月2日）江霞公来，邀同杨、萧、岳，乘舆至陈塘燕春台素馨厅，云西堤最

---

① 《谭延闿日记》，中华书局2019年版，第9册第429、432-433、435、442-443页。

有名酒馆也。有梁斗南之子及土商梅六，余皆银行界人，凡十二人。呼伎弹唱，牛鬼蛇神，传芭代舞，忆廿六年前香港时事，正与此同，所谓开厅也。麻雀、鼓钲叠为应和，至十二时后乃入席。有江所携燕菜、翅、鲍及木耳、猪肺，余亦不恶。（粤伎颇为曼声，盖异剧场，云留音机之功，参入京调）。"[①]吃的主要是江携之菜，而品评时风，更堪"下酒"。

入粤一个月以来，谭延闿自认为吃到的第一好饭菜，是在另一阔佬梅普之家："（1923年4月4日）江霞公来，邀同杨、萧、岳、曙赴西关梅普之约，梅于三年间发三千万之财，一阔人也。房屋颇精美，有广气，无洋气。菜亦颇精洁，翅、鳆皆过江虾，入粤以来第一次佳肴也。饮十余杯即止。"1923年4月8日，谭延闿再赴西园赴宴，发现广州的酒楼有一种充满文化气息的营销技巧："西园与文园、南园等四酒家，今年悬赏征食单，得十种，综五十元。伍叔葆所立有二种焉。"然这种商业性的手段，在谭延闿这里并未得到佳评："今日试之，乃殊平平，盖以寻常制法，加别种菜，改一名目，如燕菜中置鸡髓、黄木耳，即名为玉箸桂花燕菜之类，制法了不异前，所增复无别味，炫名以牟利，可笑也。"[②]

---

① 《谭延闿日记》，中华书局2019年版，第9册第459页。
② 《谭延闿日记》，中华书局2019年版，第9册第463、472页。

1923年4月11日，谭延闿再至江霞公家，仍觉得所谓的太史菜与他谭府菜相比不过尔尔："黄晦闻、孙科、陈少白、陈澍人、吴铁城先在。入席，饮勃兰地十二杯。菜皆如平日，燕菜微不如鱼翅，作白汁，亦不如吾家，仍以玫瑰糖蒸火腿

江孔殷像

为佳耳。"数日后，4月15日，江孔殷邀他至味腴馆吃点心，饶是曾任国民政府总理的唐绍仪推为"广州第一"，谭延闿也仍未加许可："江虾来，邀同杨、宋、萧、李乘电船至陈塘，入味腴馆吃点心，唐少川推为广州第一者也。梅某、梁某先在，分两室坐。凡吃粉果、烧买、虾饺、酥合、炒河粉五种，要自胜寻常饭馆，亦未甚佳也。"

前述谭延闿在广州的第一顿美餐是孙中山的私厨提供的，1923年4月28日，又在孙中山的儿子孙科等人开设的俱乐部中吃到另一顿佳肴："同廖、杨至南堤小憩，孙哲生、吴铁城辈所设俱乐部也，人出三百元，可以餐宿，地临江岸，颇为清洁。主人未至，吾辈步访杨蓂阶，谈久之。归，客已大至。徐、周与孙、吴作主人，凡两席，余与王亮畴、杨千里、杨、廖、益之、徐、吴、罗益群、陈少

白、黄石安同席。菜殊别致，一洗粤中馆派，价仅二十元，可谓廉矣。"第二天，他也在江孔殷家吃到一顿不亚于南堤小憩的美味："晚，同沧白、介石至江霞公家，陈少白、梅普之及一南洋商在座。仲凯、哲生、铁城、益群、叶竞生来，乃入席。菜乃阿光者，非家庖，鲹鱼诚为第一，核桃羹次之，燕翅、烧猪又其次，精洁不如南堤，丰美过之，究为大家数也。"①

至此，谭延闿算是在江家吃开了，江孔殷的招待也越来越对路了："（1923年5月4日）晚，偕唐、蒋、杨、萧、张至霞公家索饮，咄嗟之办，甚颇精洁。"即便鸡蛋里挑出的骨头，也是好味的："（1923年7月15日）与沧白、幼秋、印波同出，印别去。余等诣江虾，至则已入席矣。孙科、伍梯云、陈少白、黄芸苏、邹殿邦、梅老亦均在。菜以火腿蒸东瓜鸡为佳，燕翅鲍皆不如往日，然胜市楼远矣。吾所送之石耳、玉兰片皆登盘。"而重要的是，从其互赠食材的举动看，他们之间对于饮食之道，是在相互切磋琢磨的。

转眼，秋风起，食三蛇，江孔殷的看家本领——蛇羹——有机会亮相了，谭延闿便更加心服口服了："（1923年11月21日）步至江干，以小划渡访江虾，相见欢然，正烹蛇，乃留饮蛇胆酒，以数盘蛇肉下之，诚为鲜美。"然而，对市味，仍致不满，连大三元最

---

① 《谭延闿日记》，中华书局2019年版，第9册第479-480、487、520页。

著名的六十元之翅，也比不上他谭家翅："（1923年12月2日）至大三元酒家，赴李一超、谢斌之约，宏群、护芳、咏鸿、典钦、特生及李和生同座。菜即所谓征求揭晓之十品春，向尝试之西园者也，穿凿附会，可笑，不可吃。惟六十元一大盆鱼翅尚为不负。翅如粉条，味亦不恶，然不能脱广派，非吾家学也。"但在12月3日吃了廪丞的家宴后，终于良心发现，他谭家翅鲍，也是有短板的："尹厨翅、鳆实未能如粤制，亦优孟之类也。"①

　　到20世纪20年代，广州食蛇风气已经盛行，但通过谭延闿对市味蛇羹的不满，进一步反衬出太史蛇羹的难及："（1923年12月9日）劭秋邀同至陆羽居小酌，非粤味也，烧猪可零买，油鸡极肥，子鸡、腊肠饭尤精美，惟蛇不佳，既不用火锅，且鸡多蛇少，偶有腥气，不敢多食，信江虾之言不诬。""（1923年12月10日）赴南堤小憩，江虾与谭礼庭今请吃蛇。文白、梯云、沧白、武自、绍基、玉山凡二十余人，三桌分坐，余与杨、伍诸人同座。食蛇八小碗，他菜不能更进。刘麻子言南园诸酒家亦食蛇，然直鸡耳，蛇不过十之一二，乃腥不可进。余谓正以蛇少，故以腥表之，否则不足取信，群谓此言确也。""（1923年12月21日）与宋、鲁谈久之，邀同

---

① 《谭延闿日记》，中华书局2019年版，第9册第542页，第10册第224页，第11册第25、44、46页。

赴西园路丹甫之约,凡两席,湘军官毕至。有蛇胆酒、蛇羹,视江虾所制有天渊之别。"①

蛇羹之外,谭延闿也日觉江家他馔之美:"(1924年1月2日)至江虾家,设席两席,梅三、梅六、沧白、阜南、毓昆、伯雄、吉堂、冠军、宏群、特生、曙村、林支宇、鲁咏安、丹父、吕满、廪丞、步青、护芳。菜极考究,有金山翅、熊掌、象鼻、山翠,皆异味也。然翅特佳。""(1924年4月25日)渡河,至江虾家,谭礼庭、梅普之来……阿光所作菜名不虚传。""(1924年12月1日)至亚洲,以小艇渡海至霞公家……饮蛇胆酒,食蛇肉,云乃五蛇肉,非三蛇,犹三权之晋五权云。蛇罄,继以蔬菜,皆甚精美。"②

然而,花无百日红,好物易散琉璃脆,不久之后,江孔殷就开始走下坡路了,那是因为他的东家英美烟草公司在与南洋烟草公司的竞争中渐渐败下阵来,表征之一是江孔殷的家厨,都渐渐散出,其中的阿端,竟然被南洋烟草公司挖走了:"(1925年11月19日)与梯云、树人、曾仲明同至精卫家,简琴石请食蛇也。庖人阿端即江虾旧厨,今归南洋烟草公司,宜英美之不振矣。蛇与江无异,继以炒翅。简云今江厨阿华乃阿端之弟子云。"期年之后,连阿端也

---

① 《谭延闿日记》,中华书局2019年版,第11册第56-57、59、77页。
② 《谭延闿日记》,中华书局2019年版,第11册第111、410页,第12册第386页。

散出归于简琴石："（1926年10月23日）至静江家吃蛇，简琴石厨，实江虾庖人阿端也。先以二鸽，乃食蛇，视江庖有大小巫之分，菊花既无，乃代以白菜，不如李福林之夜来香矣，然亦为尽十一碗，褚民谊亦九碗，余十二人半不能食。"简氏饮食气度大不如江，蛇羹自然也大逊。

当然，门面是要撑，太史宴仍然继续，只不过时时叫苦，宴席日薄："（1926年1月6日）呼剑石、吕满、大毛，同载至南堤，乘汽船至河南，步诣江霞公。霞公自云已穷，将往上海卖玉器，后日即行。以蛇羹、象鼻饷客。本欲待日本人至，后以吾不能久候，乃先开一桌。饮蛇胆酒及勃兰地，蛇羹至美，象鼻则如海参，徒名高耳。""（1926年6月3日）得江霞公书，穷矣，将求人矣，吾亦当时食客也，甚愧对之。""（1926年10月17日）雇亚洲汽船渡海。步至江虾家，本云敲饮食，不意其请客，乃别设食待诸人，而留余陪英领事及英美烟公司数西人，宋子文、李承翼、梁组卿及其第九子同座，群鬼啁啾，殊无趣。饮拿坡仑时酒及蛇胆酒，余亦勉尽六、七杯，菜亦不如昔，蜜炙火腿尚佳耳。时别席已散，而虾呶呶醉语不已，久之则得散。"①

---

① 《谭延闿日记》，中华书局2019年版，第12册第306页，第16册第260页，第14册第416页，第15册第344页，第16册第247页。

最重要的是，江孔殷的太史宴，标杆已经立起来，且不说市面攀比仿效，谭延闿也时时对标，包括他的家厨出品。

1924年6月6日　至午，有曹厨所办菜，翅不佳，而鲩鱼特美，广东所无，惜颜色稍逊，然阿光不能专美矣。

1924年6月10日　至广大路张廪丞家，廪丞今日请客……菜乃尹厨，亦颇有佳肴，不如曹厨五日之鲩鱼耳。曹厨五日之鲩鱼，在粤中无其比矣。

1924年12月3日　谢四以曹厨馔享客，岳、吕、姜、易、吴、林、李各长，宋满、湛莹、典钦。呼蛇人来，携蛇取胆（凡十九蛇），置酒共饮。曹厨今日殊卖力气，翅固甚丰，以整个鲩鱼登盘，而入口如老豆腐，尤见精能，非粤庖所有矣。鲜菇则不如江虾，选料不如也。

1925年12月6日　赴南堤小憩，练炳章、李群先在，伍梯云夫妇、简英夫（甫）、琴石夫妇、汪精卫夫妇及其妻母、曾仲明夫妇咸集。同坐曲江轮至赤冈，在岭南学校下，登岸步行四十分钟，约六七里，过敦和市，望见李登同屋，如无畏舰也……吃蛇于大厅，凡三席，余与汪、伍、二简、陈公博、曾仲鸣、登同居中，左为女客，右则泽如、朗如之流，凡二十四人。饮蛇胆酒，无杯，以匙就碗酌而饮，云乡俗也。余则改用碟，前后尽十余碟。蛇只七付，颇

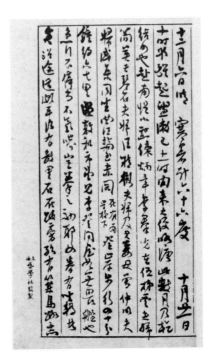

谭延闿日记页面

逊江虾。鳆鱼如吃鱼唇，与曹厨之似豆腐者又为别派。鸡亦甚肥。食粥而散。

1926年6月6日 （潘伯梁请客）绍酒十六杯，菜较尔日为佳，亦潘寿樨庖人。鱼翅如面条，选料颇精，味亦厚，惜火候尚欠。密制火方则甚佳，可敌江虾矣。[1]

---

[1] 《谭延闿日记》，中华书局2019年版，第11册第517、526-527页，第12册第390-391页，第14册第336-339页，第15册第352-353页。

谭延闿日记页面

更有意味的是，他明显是有让他的家厨曹四向江厨学艺，有的
稍逊不及，有的则青出于蓝，更上层楼：

1925年10月23日　归而蔡铸人、陈护芳、方伯雄、岳宏群、陈
宪岷、易莱秦、吕满、宋满、周权初及衡生皆在，今日假江虾庵
人治蛇羹待客。饮蛇胆酒凡十余海碗，羹乃尽，费当不赀。食蛇
后，复进曹厨所制菜，则无味矣。曹厨学江火腿、沈杏仁豆腐皆有
逊色。

1925年12月13日　访沈演公，留吃油条。登平台一望，下。吃红糟鸡面，面乃厦门挂面，已酸矣。杏仁豆腐甚佳，曹厨学未到也。

1926年6月13日　出至吕满家，咏安、剑石、宪民、特生、咏洪、宋满、权初、大毛先在，心涤后来。入席，以潘元耀所送鱼翅、密炙火腿，与曹厨所制同进。翅则曹不如，腿则潘逊之。曹乃江虾法，惜过甜耳。饮绍酒十杯，余菜亦平平。[①]

谭延闿除了少时短暂在广州随侍两广总督之父外，真正留下广州体验特别是饮食经验的，也就是1923年初追随孙中山来穗，至北伐前夕这几年间。这几年，也是他谭府菜养成的关键几年，因为前此他做湖南都督，后来再寓居青岛、上海，一度呼穷叫苦以至欲鬻书为生，而从此之后，仕途显达及于终身，饮食讲究始可一以贯之。论及稳定的厨师队伍以及开放的学习实践，广州无疑是最佳之地，上述日记记录就是见证之一。这也从一个侧面反映了江孔殷家宴的江湖地位及其对粤菜乃至湘菜的影响。而我们最后要说的是，谭延闿认为饮食之事，昔不如今的观点，也即厚今薄古的观点，最值得我们珍视："事事皆今不如古，惟饮食不然，吾言不诬也。"[②]

---

① 《谭延闿日记》，中华书局2019年版，第14册第242、351页，第15册第378页。
② 《谭延闿日记》，中华书局2019年版，第14册第180页。

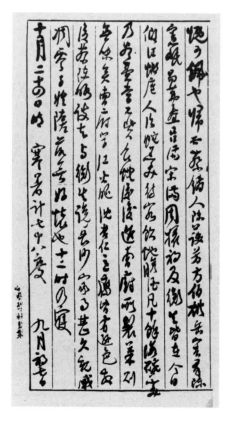

谭延闿日记页面

这大有益于我们思考如何继承发扬太史菜以及谭府菜的历史文化遗产；鉴于文化遗产特别是非遗的扬弃特征，窃以为精神文化的继承发扬，当更胜于亦步亦趋的复刻。

后 记

前年，黄师天骥先生的《唐诗三百年》出版，反响很好，想到在出版过程中，责任编辑特别是总编辑郑纳新先生的亲自策划、创意之美，再次感慨系之：王（季思）先生说，一本书的成功，编辑的功劳占一半，诚非虚言。黄师早已著作等身，总字数已逾六百万言，当然所言绝对诚实不虚。

本人无聊读书，为稻粱谋著书，已出版二十来种，从报刊发表，到编辑出版，大受编辑之惠。本书缘起伍容萱女史之稿约，初以积稿塞责，孰料不数日之后即被"打回"——容萱女史以其深厚的传统文史功底和高超的编辑专业水准，"谆谆告诫"我哪些篇目不宜收，希望能增补哪些篇目，这样才能成为一本更像样的书……死了，碰上"对手"了，但也更烦了——我工作很忙，手头事也很多，想想，太麻烦，拖拖再说吧，不出也无所谓。

可是，当我了解到，她还年纪轻轻，年轻到足以做我的女儿，但又是上有老，下有小，小孩才上幼儿园，那她这么快"打回"，除了天分之高，人力之勤也可以想见。如此，我也就不敢怠慢了，该调整的调整，该补充的补充，该完善的完善，自以为差可了，但在编校过程中，容萱同学的屡屡"垂询"，也屡屡让我汗颜。还需要特别说明的是，且不说标题的改撰，即内文的修饰，也多有出自容萱女史手笔而让我惊艳不已之处，可以说，在我个人的研究写作和出版史上，改动和被改动如此之多，尚属首次，同时，掠编辑之美之多，也唯此为最。这实在是要衷心感谢容萱女史的。如此，这本书的质量及其可读性，也应该不会差到哪里去了，希望能得到读者朋友们的检验认可。

2024年2月24日于广州